工业和信息化
精品系列教材·物联网技术

单片机技术基础与应用

CC2530 | 微课版

刘文博 / 主编

Microcontroller Technology
Foundation and Application

人民邮电出版社
北　京

图书在版编目（CIP）数据

单片机技术基础与应用：CC2530：微课版 / 刘文博主编. -- 北京：人民邮电出版社，2024.7

工业和信息化精品系列教材. 物联网技术

ISBN 978-7-115-64278-3

Ⅰ. ①单… Ⅱ. ①刘… Ⅲ. ①微控制器—教材 Ⅳ. ①TP368.1

中国国家版本馆CIP数据核字(2024)第079400号

内 容 提 要

本书介绍 CC2530 单片机开发的相关知识，采用项目化方式编写，全书共 7 个项目：走进 CC2530 单片机、跑马灯的实现、按键控制 LED 亮灭、简易交通灯的实现、呼吸灯的实现、CC2530 单片机与 PC 的通信、简易火焰报警器的设计与实现。各项目分成 2～3 个任务进行讲解，逐步实现项目目标。读者通过学习这些任务，可以对 CC2530 单片机的基础知识、I/O 端口、中断系统、定时/计数器、串口通信、ADC 等内容有一定的理解，并能运用这些知识解决一些实际问题。针对学有余力的读者，本书在部分任务中增加技能提升模块，加大任务难度，有利于读者加深理解、提高硬件编程能力。

本书内容由浅入深，可以作为高职电子类专业的教材。本书将 1+X 传感网应用开发职业技能等级证书、职业院校物联网专业技能大赛的考核点融入任务中，可作为 1+X 证书和相关技能大赛的培训参考书。同时，本书也可以作为物联网硬件开发技术培训班教材，还可供广大电子爱好者自学使用。

◆ 主　编　刘文博

　　责任编辑　王照玉

　　责任印制　王　郁　焦志炜

◆ 人民邮电出版社出版发行　　北京市丰台区成寿寺路 11 号

　　邮编　100164　电子邮件　315@ptpress.com.cn

　　网址　https://www.ptpress.com.cn

　　三河市君旺印务有限公司印刷

◆ 开本：787×1092　1/16

　　印张：11.75　　　　　　　　　　　2024 年 7 月第 1 版

　　字数：293 千字　　　　　　　　　2024 年 7 月河北第 1 次印刷

定价：49.80 元

读者服务热线：(010)81055256　印装质量热线：(010)81055316

反盗版热线：(010)81055315

广告经营许可证：京东市监广登字 20170147 号

前　言

单片机技术已经有几十年的发展历史。在物联网领域，CC2530 单片机的应用十分广泛。单片机技术是高职物联网应用技术专业及其他电子类专业的重要专业基础课程。

党的二十大报告提出：我们要坚持教育优先发展、科技自立自强、人才引领驱动，加快建设教育强国、科技强国、人才强国。在编写本书的过程中，为配合"教、学、做"一体化教学方法的实施，编者采用项目化编写方式，按照项目实现逻辑，将项目拆解为多个任务，除了项目一，每个任务都由任务目标、任务要求、知识链接、任务分析、任务实现、技能提升 6 个部分组成。在编写具体任务的过程中，编者将任务拆解，并引导读者自主思考、逐步提升专业能力。本书图文并茂，对重点、难点进行了详细讲解，并且针对每个任务的要求，给出了具体的代码。

本书主要特点如下。

1. 理论与实践相结合

为了使读者能快速地掌握 CC2530 单片机相关技术并按项目开发要求熟练运用，本书在各个项目中，将基础知识和实践操作结合起来，有利于加深读者对理论的理解，锻炼读者的实践操作能力。

2. 合理、有效地组织

本书内容深入浅出，逐步介绍单片机的相关知识，并注重行文逻辑，在任务的实现过程中，注意对项目中的知识进行运用。

3. 以学生为主体进行编排

本书针对高职物联网应用技术专业学生的学习需要，选取常用的、重要的知识进行讲解。对关键知识的运用和代码实现，均进行了详细介绍，有助于初学者自学，有利于培养其学习兴趣。

本书由山东信息职业技术学院的刘文博老师任主编。刘文博老师具有多年的实际项目开发经验和丰富的高职物联网应用技术专业的教学经验，曾指导学生参加 2022 年全国职业院校技能大赛高职组物联网技术应用赛项并获得一等奖，被评为优秀指导教师。在本书的编写过程中，编者得到了北京新大陆时代科技有限公司工程师王伟的大力支持，王伟对本书中的任务实现的正确性、合理性进行了验证。

为方便读者使用，书中全部实例的源代码及电子教案均提供给读者，读者可登录人邮教育社区（www.ryjiaoyu.com）下载。

由于编者水平有限，书中难免存在不足之处，殷切希望广大读者批评指正（编者 E-mail：liuwenbo2018@163.com），编者将不胜感激。

编者
2024 年 5 月

目　录

项目1
走进CC2530单片机

01

项目目标

学习目标

1. 了解单片机的概念和分类；
2. 了解 CC2530 单片机的内部结构、外部设备、时钟模块；
3. 了解 CC2530 单片机程序开发所需要的硬件和软件开发环境；
4. 掌握 IAR 软件的安装方法；
5. 掌握 SmartRF Flash Programmer 软件和 CC Debugger 驱动程序的安装方法；
6. 能使用 IAR 软件进行 CC2530 单片机的程序开发；
7. 能使用 SmartRF Flash Programmer 软件烧写程序；
8. 了解 IAR 软件的程序调试功能。

素养目标

1. 培养科学严谨的学习态度；
2. 培养自学意识。

任务 1.1 了解 CC2530 单片机及搭建开发环境

任务目标

1. 了解单片机的概念和分类；
2. 了解 CC2530 单片机的内部结构、外部设备、时钟模块；
3. 了解 CC2530 单片机程序开发所需要的硬件和软件开发环境；
4. 掌握 IAR 软件的安装方法；
5. 掌握 SmartRF Flash Programmer 软件和 CC Debugger 驱动程序的安装方法。

任务要求

集成灶、全自动洗衣机、智能指纹门锁等都是智能化设备，在使用的时候，人们只需按照自己的
需要进行相关功能设置。例如，使用集成灶的烤箱功能时，设置烤箱温度、食材类型、烤制时间等

后，集成灶就会自动工作。当达到预定时间后，集成灶会发出提示音，通知使用者烤制工作已经完成。人们并没有通过语言"告诉"这些智能化设备如何工作，只是根据自己的需要进行了设置，它们就能按照既定程序来完成相应的工作。执行这些既定程序，就是单片机的工作。通过本任务的学习，读者可了解单片机的概念和分类，CC2530 单片机的内部结构、外部设备、时钟模块等。本任务要求掌握 CC2530 单片机的开发环境搭建方法。

知识链接

1.1.1 单片机基本介绍

1.1.1 单片机与
CC2530 介绍

学习单片机，首先要了解什么是单片机，以及单片机是如何分类的。本小节将学习单片机的概念及分类。

1. 单片机的概念

单片机（Single Chip Microcomputer）是一种集成电路芯片，它通过超大规模集成电路技术把具有数据处理能力的中央处理器（Central Processing Unit, CPU）、随机存储器（Random Access Memory，RAM）、只读存储器（Read-Only Memory，ROM）、输入输出（Input/Output，I/O）接口、中断控制系统、定时/计数器和通信模块等多种功能部件集成到一块硅片上，从而构成一个体积小但功能完善的微型计算机系统。因为单片机的结构与指令功能都是按照工业控制要求来设计的，所以它又被称为微控制器（Microcontroller）。简单来说，单片机就是将一台计算机的主要部件集成到一块芯片中。常见的单片机，如 CC2530 单片机，如图 1-1 所示。

单片机应用场景广泛，如全自动洗衣机、遥控汽车、智能 IC 卡、大棚恒温系统、车间空气质量检测系统等。在这些场景中，微型计算机由于体积、成本和功耗的限制，无法被直接安装到相关设备或系统中去使用，而且微型计算机功能强大，用于这些场景，有些大材小用。而单片机体积小、成本低、功耗低，且功能可以满足这些场景的需要，故得到了广泛的应用。

图 1-1　CC2530 单片机

2. 单片机的分类

自 1970 年微型计算机研制成功，单片机也随之诞生。最初，Intel 公司研发出以 MCS-48 为代表的单片机，在 1980 年，Intel 公司推出了 8 位 MCS-51 系列单片机，该系列单片机具有经典的结构、丰富的指令系统，应用十分广泛。在 1996 年，Intel 公司推出了增强型 8051CPU 的单片机，与 8 位 MCS-51 系列单片机相比，其执行指令的速度更快，CC2530 单片机就采用了增强型8051CPU。同时期，Intel 公司致力于研制和生产微型计算机 CPU，将 MCS-51 核心技术授权给其他半导体公司，包括 Philips、Atmel、Winbond、AMD、Siemens 等。

单片机的种类很多。一般按照单片机数据总线的位数进行分类，单片机可分为 4 位、8 位、16位和 32 位。8 位单片机是目前种类最丰富、应用最广泛的单片机之一，它主要有 MCS-51 系列和非 MCS-51 系列。

除了 MCS-51 系列单片机，还有其他一些应用较为广泛的单片机。比如，TI 公司的 MSP430F系列单片机、Atmel 公司的 AVR ATmega16 系列单片机、Microchip 公司的 PIC 系列单片机等。

1.1.2　CC2530 单片机基本介绍

CC2530 单片机将增强型 8051CPU、无线收发芯片和其他外部设备整合到一个芯片中。CC2530 单片机是用于 2.4 GHz IEEE 802.15.4、ZigBee 和 RF4CE 的一个真正的片上系统（System on Chip，SoC）解决方案。准确地讲，CC2530 单片机不仅包含单片机，还包含其他电路模块，但是使用 CC2530 单片机的时候，仍以操作单片机为主。CC2530 单片机常常简称为 CC2530。CC2530 单片机能够以非常低的成本创建强大的网络节点，在短距离无线通信领域具有十分广泛的应用。

1. 内部结构

CC2530 单片机使用业界标准的增强型 8051CPU，结合射频（Radio Frequency，RF）收发器，具有 8kB 容量的 RAM 和其他许多强大的功能。CC2530 单片机有 4 种不同的系统内可编程闪存（Flash）版本：CC2530F32、CC2530F64、CC2530F128、CC2530F256，分别具有 32kB、64kB、128kB、256kB 的闪存。

2. 外部设备

外部设备简称外设。CC2530 单片机包括许多不同的外设，允许设计者开发不同的程序。下面介绍几种常用的外设。

（1）调试接口。通过调试接口，可以执行闪存的擦除操作、使能振荡器、执行和停止用户程序、执行增强型 8051CPU 提供的指令、设置代码断点、进行指令的单步调试。

（2）输入/输出控制器。输入/输出控制器用于控制 21 根 I/O 引脚，可以设置 I/O 引脚的功能或者数据传输方向。

（3）闪存控制器。CC2530 单片机含有闪存，闪存控制器可以管理存储在闪存中的程序代码。

（4）直接存储器访问（Direct Memory Access，DMA）控制器。CC2530 单片机的 DMA 控制器具有 5 个通道，DMA 控制器可以减轻 CPU 传送数据的负担。只需要 CPU 极少的干预，DMA 控制器就可以将数据从模数转换器（Analog-to-Digital Converter，ADC）或 RF 收发器的外设传送到存储器。

（5）定时/计数器。定时/计数器也常称为定时计数器，或者简称为定时器。CC2530 单片机有 5 个定时器，包括定时器 1、定时器 2、定时器 3、定时器 4 和睡眠定时器。

（6）串行通信接口。CC2530 单片机具有 2 个串行通信接口，包括 USART0 和 USART1，可以实现同步通信或者异步通信。

（7）ADC。CC2530 单片机的 ADC 具有 8 个通道，可以进行模拟量到数字量的转换，有效数据位数最高是 12 位。

在后续的项目中，将进一步介绍上述外设的相关知识和使用方法。

3. 时钟模块

时钟模块包含振荡器，用于产生时钟信号，为系统提供时间参考。

CC2530 单片机的系统时钟源有 32MHz 的外部晶体振荡器（简称晶振）和 16MHz 的内部 RC 振荡器。CC2530 单片机上电后，默认采用的是 RC 振荡器。RC 振荡器的功耗较低，启动时间较短，但是精度不高。当 CC2530 单片机使用 RF 收发器时，必须采用 32MHz 的外部晶振；当 CC2530 单片机使用串口通信时，也建议采用 32MHz 的外部晶振。

振荡器在工作的时候，可以产生频率和峰值稳定的正弦波。该正弦波为时钟信号，正弦波的周期称为时钟周期。对于单片机来讲，执行 1 条指令（注意，是 1 条指令，而不是 1 条 C 语言代码）的时间称为指令周期。对于 CC2530 单片机来讲，由于其内核采用增强型 8051CPU，CC2530 单片机指令周期就是 1 个时钟周期。而对于普通的 8051CPU，1 个指令周期是 12 个时钟周期，故 CC2530 单片机的执行速度要快一些。

1.1.3 软件开发环境介绍

运行 CC2530 单片机需要有特定的程序，故需要安装 CC2530 单片机程序开发的软件。软件安装完成之后，需要将其生成执行性文件，并烧写到 CC2530 单片机上进行测试，检验程序是否能够满足要求。CC2530 单片机开发环境的搭建，分为软件部分和硬件部分。

要让 CC2530 单片机执行特定的任务，需要开发人员设计开发相关代码，开发人员利用编程工具将编写好的代码编译、链接生成可执行文件（该文件扩展名为.hex，也称为.hex 文件），并将其烧写到单片机中。

1. 编程语言

C 语言便于识读和管理代码，学习起来较为简单，是目前单片机程序开发人员使用的主流语言。用于 CC2530 单片机编程的 C 语言与通常学习的 C 语言基本上是相同的，仅有一些关键字的定义不同。

2. IAR 软件简介

IAR Embedded Workbench 简称 IAR，它是著名的 C 语言编译器，支持众多知名半导体公司的微处理器，许多公司都使用该开发工具来开发他们的前沿产品。IAR 软件可以优化代码，使代码更加紧凑，节省硬件资源，可以最大限度地降低产品成本，提高产品竞争力。

IAR 软件根据支持的微处理器种类不同分为许多不同的版本。由于 CC2530 单片机使用的是增强型 8051CPU，需要选用的版本是 IAR Embedded Workbench for 8051。IAR 软件工作界面如图 1-2 所示。

微课

1.1.2 开发环境介绍

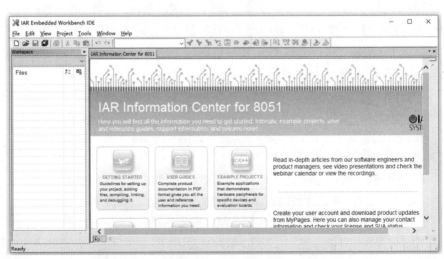

图 1-2 IAR 软件工作界面

使用 IAR 软件编写相关 C 语言程序，将其编译并链接成可执行文件，然后将可执行文件烧写到 CC2530 单片机中，CC2530 单片机就可以执行该程序，实现相关的功能。

3. SmartRF Flash Programmer 简介

SmartRF Flash Programmer 是一款专业的微控制编程工具，主要用于烧录、更新和验证微控制器的程序和数据，也可以对单片机进行物理地址的修改。烧写到 CC2530 单片机的可执行程序是.hex 文件，SmartRF Flash Programmer 可以将.hex 文件烧写到 CC2530 单片机中。

1.1.4　CC2530 单片机相关的硬件介绍

与 CC2530 单片机相关的硬件主要有 CC2530 开发板和 CC Debugger 仿真器。下面介绍这两种硬件。

1. CC2530 开发板

目前，市场上 CC2530 开发板种类繁多，例如飞比、网蜂等，它们功能相似，价格较低，可以作为初学者使用的开发板。鉴于职业院校物联网专业技能大赛和 1+X 传感网应用开发职业技能等级证书的学习需要，这里采用新大陆公司生产的 CC2530 开发板。CC2530 开发板示意图如图 1-3 所示。

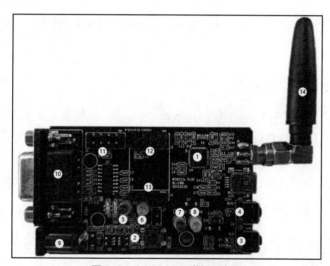

图 1-3　CC2530 开发板示意图

在该开发板上，①处为 CC2530 单片机芯片；②③④分别是按键 1、按键 2、按键 3，其中按键 3 是复位键；⑤⑥⑦⑧是 4 个发光二极管（Light Emitting Diode，LED），从左到右分别是 D4、D3、D6、D5；⑨处为 5V 直流电源插孔；⑩处为 9 孔串口；⑪处为程序调试接口，有 10 脚插针，是开发板与 CC Debugger 仿真器的连接处，注意此处外侧有三角形标记符；⑫处为 5P 双排排针插座；⑬处为 5P 单排排针插座；⑭处为天线。

与该开发板相配套的 5V 充电器示意图如图 1-4 所示。

2. CC Debugger 仿真器

CC Debugger 仿真器可以用来进行 CC2530 单片机程序的烧写、调试，CC Debugger 仿真器示意图如图 1-5 所示。该图中①处是 Reset 键，用来重置 CC2530 单片机；②处是指示灯，当该仿真器与 CC2530 单片机、个人计算机（Personal Computer，PC）正常连接的时候，该灯是绿色，如果连接不正常，该灯为红色，如果显示红色，可以按 Reset 键，如果仍然为红色，则需要检查电路连接；③处为仿真器与开发板连接端口，连接的时候要注意方向，插头处凸起部分在开发板外，和三角形标记符一个方向，初学者经常在这里犯错，导致不能正常烧写；④处为 Mini 通用串行总线（Universal Serial Bus，USB）接口，与⑤处 USB 线相连；⑥处 USB 接口与 PC 相连。

图 1-4　5V 充电器示意图

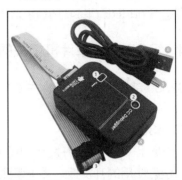

图 1-5　CC Debugger 仿真器示意图

任务实现

本任务需要完成 IAR 软件、SmartRF Flash Programmer 软件和 CC Debugger 仿真器的驱动程序的安装。

1.1.5　IAR 软件的安装

微课

1.1.3　IAR 软件的安装

下面介绍如何安装 IAR 软件。

（1）解压缩 IAR Embedded Workbench.rar 压缩包。

（2）打开解压缩目录，双击 autorun.exe，弹出安装初始界面，选择 "Install IAR Embedded Workbench？" 选项。IAR 软件安装初始界面如图 1-6 所示。

（3）进入安装欢迎界面，如图 1-7 所示。单击 "Next＞" 按钮。

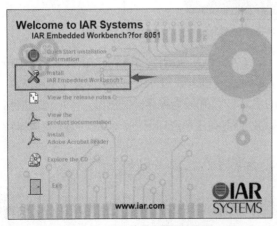

图 1-6　IAR 软件安装初始界面

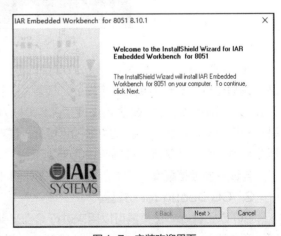

图 1-7　安装欢迎界面

（4）进入"License Agreement"界面，如图 1-8 所示。选择"I accept the terms of the license agreement"，并单击"Next >"按钮。

（5）进入"Enter User Information"界面，如图 1-9 所示。输入姓名（Name）和公司（Company）名称，将许可证号码复制到"License#"文本框中，并单击"Next >"按钮。

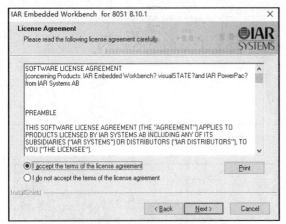

图 1-8 "License Agreement"界面

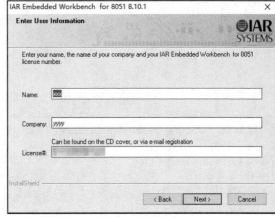

图 1-9 "Enter User Information"界面

（6）进入"Enter License Key"界面，如图 1-10 所示。将许可证密钥（License Key）复制到"License Key"文本框中，并单击"Next >"按钮。

（7）进入"Setup Type"界面，如图 1-11 所示。选择默认的"Complete"选项，并单击"Next >"按钮。

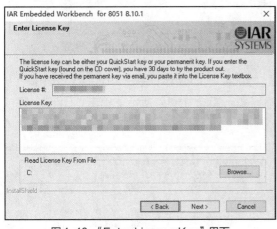

图 1-10 "Enter License Key"界面

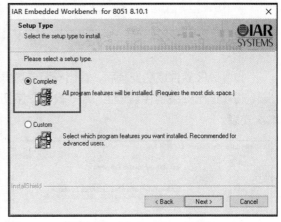

图 1-11 "Setup Type"界面

（8）进入"Choose Destination Location"界面，如图 1-12 所示。该界面是决定安装路径的，默认安装到 C 盘。这里采用默认路径，并单击"Next >"按钮。

（9）进入"Select Program Folder"界面，如图 1-13 所示。保持默认设置，并单击"Next >"按钮。

（10）进入"Ready to Install the Program"界面，如图 1-14 所示。单击"Install"按钮。之后，进入"Setup Status"界面，如图 1-15 所示。

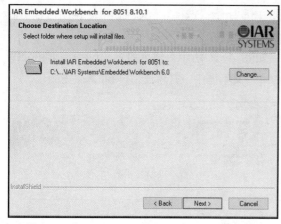

图1-12 "Choose Destination Location"界面

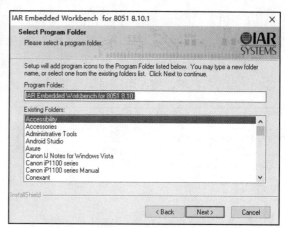

图1-13 "Select Program Folder"界面

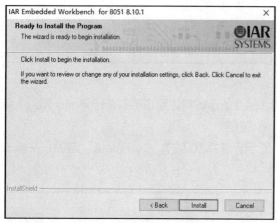

图1-14 "Ready to Install the Program"界面

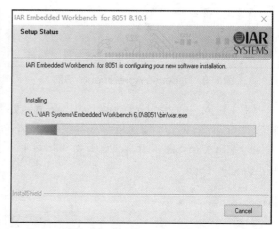

图1-15 "Setup Status"界面

（11）IAR软件成功安装后，弹出安装成功界面，如图1-16所示。单击"Finish"按钮。

（12）退出安装程序。返回IAR软件安装初始界面，如图1-17所示。单击"Exit"，完成本次安装。

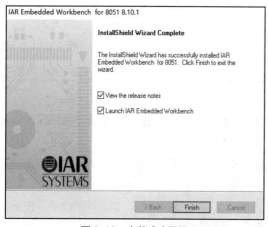

图1-16 安装成功界面

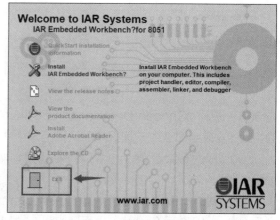

图1-17 IAR软件安装初始界面

1.1.6　SmartRF Flash Programmer 软件的安装

解压缩 SmartRF Flash Programmer.rar 压缩包，双击安装程序，全部选择默认设置，并单击"Next >"按钮进行安装，安装成功后，打开该软件。SmartRF Flash Programmer 界面如图 1-18 所示。

在该软件界面中，①处为 CC2530 单片机的信息（如果 PC 与 CC2530 开发板通过 CC Debugger 仿真器正确相连，此处会有 CC2530 单片机的信息）。在②处选择要烧写的程序。③处是烧写选项，一般选择第三个，表示擦除，烧写并验证。④处为烧写按钮，在①处显示单片机信息，②处显示烧写文件信息，③处选择"Erase, program and verify"选项后，单击该按钮即可进行烧写。⑤处为烧写进度，使用 SmartRF Flash Programmer 软件烧写程序示意图如图 1-19 所示。

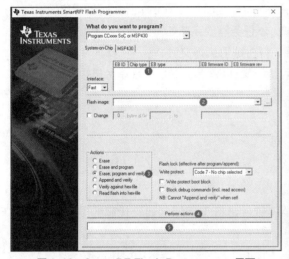 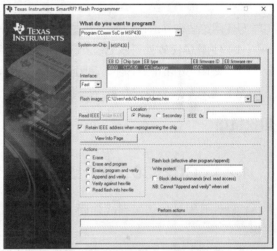

图 1-18　SmartRF Flash Programmer 界面　　　图 1-19　使用 SmartRF Flash Programmer
软件烧写程序示意图

1.1.7　CC Debugger 仿真器的驱动程序的安装

双击 CC Debugger 仿真器的驱动安装程序，均选择默认设置，根据安装向导，完成 CC Debugger 仿真器驱动程序的安装。CC Debugger 仿真器驱动程序安装成功界面如图 1-20 所示。

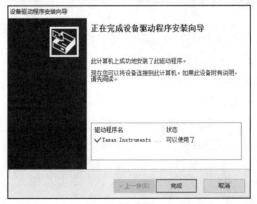

图 1-20　CC Debugger 仿真器驱动程序安装成功界面

任务 1.2 第一个 CC2530 单片机程序

任务目标

1. 能使用 IAR 软件进行 CC2530 单片机的程序开发；
2. 能使用 SmartRF Flash Programmer 软件烧写可执行文件；
3. 了解 IAR 软件的程序调试功能。

任务要求

任务 1.1 成功安装了 IAR、SmartRF Flash Programmer、CC Debugger 驱动程序，本任务将学习使用这些软件进行程序的开发、烧写与调试。本任务需要完成如下内容：

（1）使用 IAR 软件开发 CC2530 单片机程序，并生成可执行文件；

（2）使用 SmartRF Flash Programmer 将可执行文件烧写到 CC2530 单片机中；

（3）使用 IAR 软件进行程序的调试。

知识链接

1.2.1 CC2530 工程介绍

软硬件开发环境搭建完成之后，需要使用 IAR 软件进行工程的创建，代码的编写、编译与链接。

IAR 使用工作区（Workspace）来管理工程（Project），一个工作区中可包含多个工程。

任务实现

完成 CC2530 单片机程序的开发，主要包括创建 CC2530 工程、烧写程序两大部分，为了逐步研究代码的执行效果，需要使用调试程序。

1.2.2 创建 CC2530 工程

微课

1.2.1 工程的
创建与生成
可执行文件

CC2530 工程的创建包括新建文件夹、启动 IAR 软件、创建项目工程、创建文件、添加文件到工程中、保存工作区、配置工程、编写代码、生成可执行文件。下面对这些操作进行详细的介绍。

1. 新建文件夹

可以在 PC 的 D 盘（或其他非系统盘，如 E 盘等）新建一个文件夹，名为"CC2530"。该文件夹用于存放后续创建的所有工程。本书中选择的是 D 盘，如果开发者不方便选用 D 盘，而选用其他盘（如 E 盘），那么将后文路径中的"D"改为其他盘符如（改为"E"）即可。

针对第一个项目，在 D:\CC2530 文件夹下新建一个文件夹，重命名为"ws1"。

2. 启动 IAR 软件

可以通过两种方式启动 IAR 软件。一种是单击桌面上的 IAR 桌面快捷方式。IAR 桌面快捷方式如图 1-21 所示。另一种是在 Windows 10 系统的桌面左下角搜索框输入"IAR Em",找到 IAR Embedded Workbench 软件,单击后即可启动 IAR 软件,在搜索框搜索 IAR 软件并启动如图 1-22 所示。

图 1-21 IAR 桌面
快捷方式

3. 创建项目工程

单击菜单"Project",在其下拉菜单中,单击"Create New Project",如图 1-23 所示。弹出"Create New Project"对话框,如图 1-24 所示,在"Project templates"列表中,选择"Empty project"选项,单击"OK"按钮。

图 1-22 在搜索框搜索 IAR 软件并启动

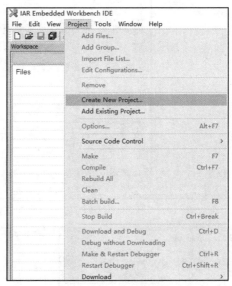

图 1-23 创建工程

单击"OK"按钮之后,弹出"另存为"对话框,如图 1-25 所示,设置工程保存的路径和文件名。工程保存在前面创建的 ws1 文件夹中,即该工程保存在 D:\CC2530\ws1 路径。文件名为 Project1,单击"保存"按钮。

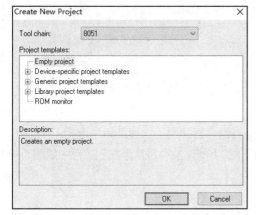

图 1-24 "Create New Project"对话框

图 1-25 "另存为"对话框

之后，进入工程创建成功界面，如图 1-26 所示。

4. 创建文件

单击菜单"File"，选择"New"→"File"，如图 1-27 所示，新建.c 文件。之后，使用"Ctrl+S"组合键，在弹出的对话框中重命名并保存.c 文件，如图 1-28 所示。这里，文件保存位置与项目工程保存位置相同，即 D:\CC2530\ws1 路径，文件名为 code1.c。文件保存成功界面如图 1-29 所示。code1.c 文件就是后面要写入代码的文件。

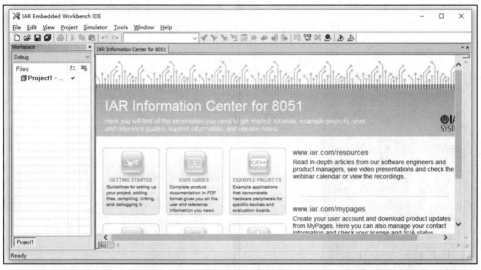

图 1-26　工程创建成功界面

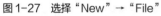

图 1-27　选择"New"→"File"

图 1-28　重命名并保存.c 文件

5. 添加文件到工程中

在工作区中，选中"Project1-Debug"，单击鼠标右键，在弹出的快捷菜单中选择"Add"→"Add "code1.c""将 code1.c 文件添加到工程中，如图 1-30 所示。文件成功添加到工程中如图 1-31 所示，同时自动生成了 Output 文件夹。

6. 保存工作区

IAR 软件在启动时，会默认新建一个工作区，在该项目中，使用的就是默认的工作区，现在对该工作区进行重命名、保存。

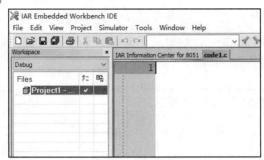

图 1-29　文件保存成功

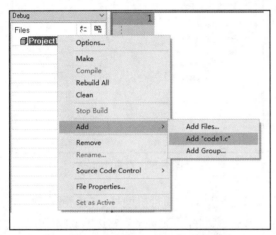

图 1-30　将 code1.c 文件添加到工程中

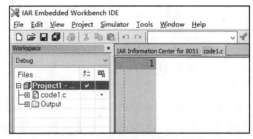

图 1-31　文件成功添加到工程中

　　单击菜单栏中的"File"，之后单击"Save Workspace"，如图 1-32 所示。出现"Save Workspace As"对话框，如图 1-33 所示，在该对话框需要选择工作区保存的位置及设置文件名。这里，该工作区文件名为"ws1"，保存的位置和前面创建项目工程及 code1.c 文件保存的位置相同，即保存到 D:\CC2530\ws1 路径。

图 1-32　保存工作区

图 1-33　"Save Workspace As"对话框

7. 配置工程

为了使创建的工程可以支持 CC2530 单片机并生成 .hex 文件，需要对工程进行一些配置，这里需要配置的有 3 处。选中 "Project1-Debug"，单击鼠标右键，在弹出的快捷菜单中单击 "Options"，如图 1-34 所示。弹出配置界面，如图 1-35 所示。

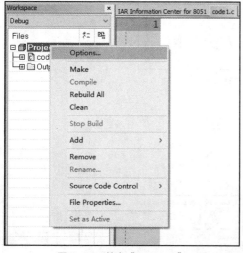

图 1-34　单击 "Options"

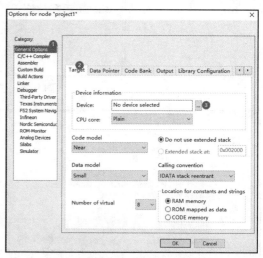

图 1-35　配置界面

（1）General Options 配置。该配置用来设置该工程适用的单片机型号。在配置界面，选择 ①处的 "General Options" → ②处的 "Target"。单击③处的 "Device" 右边的省略号按钮，弹出设备选择界面。找到 "Texas Instruments" 文件夹，如图 1-36 所示，双击进入，在该文件夹中，找到 "CC2530F256.i51" 文件并选中，如图 1-37 所示，单击 "打开" 按钮。Device 设置成功界面如图 1-38 所示，此时 Device 处显示 "CC2530F256"。

图 1-36　"Texas Instruments" 文件夹

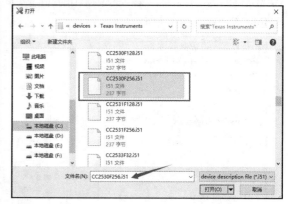

图 1-37　"CC2530F256.i51" 文件

（2）Linker 配置。该配置用来设置工程编译生成的可执行文件。在配置界面，选择①处的 "Linker" 选项，单击②处的 "Output"。选中③处的 "Allow C-SPY-specific extra output file"，完成 Output 配置，如图 1-39 所示。之后，进行 Extra Output 配置，如图 1-40 所示，单击①处

的 "Extra Output"，选中②处的 "Generate extra output file"，选中③处的 "Override default"，修改④处的 "Project1.sim" 扩展名，修改后，名称为 "Project1.hex"。在⑤处的 "Output Format" 中选择 "intel-extended"。配置完成后，单击 "OK" 按钮。这样，编译链接这个工程后，生成的可执行文件名称就是 "Project1.hex"。

图 1-38　Device 设置成功界面

图 1-39　Output 配置

图 1-40　Extra Output 配置

（3）Debugger 配置。Debugger 配置是针对该工程用来在线单步调试的。如果仅仅是编写代码后，编译、烧写、查看实验效果，则可以不进行这一步设置。

进入配置界面。选择 "Debugger" → "Setup"，在 "Driver" 中，选择 "Texas Instruments"，单击 "OK" 按钮，完成 Debugger 配置，如图 1-41 所示。

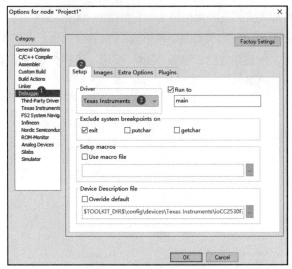

图1-41　Debugger配置

8. 编写代码

进入 IAR 软件主界面，参考如下代码，在 code1.c 文件中编写代码。在编写代码的时候，要随时使用"Ctrl+S"组合键，及时将代码保存。这段代码涉及两个函数：delay 延时函数和 main 函数。delay 延时函数用于单片机做完一件事之后进行延时。main 函数用于实现对 P1 寄存器的设置，在 for 循环中，更改 P1 寄存器的值，反转 P1 端口所有引脚输出的电平，延时一段时间，然后重复这个操作，实现周期性地改变 P1 端口所有引脚输出的电平，进而实现 P1 端口所连接的 LED 周期性地进行亮灭状态切换。

```
1.  #include "ioCC2530.h"  //导入头文件
2.
3.  //delay 延时函数
4.  void delay(unsigned int time)
5.  {
6.    unsigned int i;
7.    unsigned int j;
8.
9.    for(i = 0;i < time;i++){
10.    for(j = 0 ;j < 720;j++)
11.    {
12.      asm("NOP");
13.    }
14.  }
15.}
16.
17.//main 函数
18.void main()
19.{
20.  P1SEL &=~ 0xff;
21.  P1DIR |= 0xff;
```

```
22.  P1 = 0;
23.  while(1)
24.  {
25.     P1 =~ P1;          //P1 端口输出状态反转
26.     delay(1000);       //延时
27.  }
28.}
```

9. 生成可执行文件

单击工具栏上的"Make"按钮，如图 1-42 所示，生成可执行文件。单击"Make"按钮后，如果 IAR 软件主界面下方的窗口输出信息中显示"Total number of errors:0"，即错误（error）的数量为 0，说明成功生成可执行文件。这里不用关注警告（Warnnings）的数量。错误的数量为 0 的界面如图 1-43 所示。

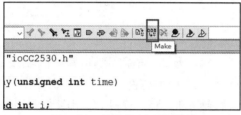

图1-42　单击"Make"按钮

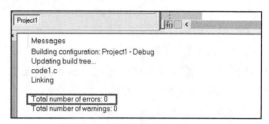

图1-43　错误的数量为 0 的界面

此时，在目录 D:\CC2530\ws1\Debug\Exe 下可以找到名称为"Project1.hex"的可执行文件，该文件可以直接烧写到 CC2530 单片机中。

同时，在目录 D:\CC2530\ws1 下可以找到 ws1 文件，如图 1-44 所示。下次需要启动该工作区的时候，可以直接双击该文件。

图1-44　ws1 文件

1.2.3　烧写程序

烧写程序的步骤包括连接设备、烧写可执行文件，具体内容如下。

微课

1.2.2　烧写程序

1. 连接设备

生成可执行文件后，需要将该文件烧写到 CC2530 单片机中，以查看实验效果。按照图 1-45 所示连接设备即可。

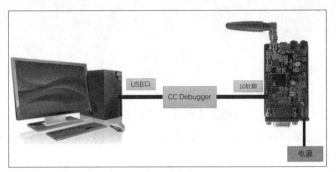

图 1-45　设备连接完整示意图

2. 烧写可执行文件

烧写可执行文件需要进行如下几步。

（1）CC2530 单片机运行的可执行文件的扩展名是.hex，所以烧写 CC2530 单片机可执行文件，也可以称为烧写.hex 文件。打开 SmartRF Flash Programmer 软件，如图 1-46 所示，①处有 CC2530 单片机信息，说明设备连接成功，否则，需要重新检查、连接。单击②处省略号按钮，进入可执行文件的选择界面，如图 1-47 所示，该执行文件为 Project1.hex，路径为 D:\CC2530\ws1\Debug\Exe。找到该文件后选中，单击"打开"按钮。

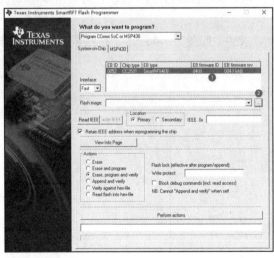

图 1-46　打开 SmartRF Flash Programmer 软件

图 1-47　可执行文件的选择界面

微课

1.2.3　实验效果

（2）返回 SmartRF Flash Programmer 软件界面，如图 1-48 所示，此时①处显示可执行文件。单击②处的"Perform actions"按钮，开始烧写，烧写成功界面如图 1-49 所示。

（3）烧写成功后观察 CC2530 开发板的运行效果。此时，4 个 LED 一会儿同时点亮，一会儿同时熄灭，周期性地闪烁。

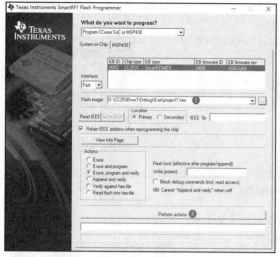

图 1-48　SmartRF Flash Programmer 软件界面

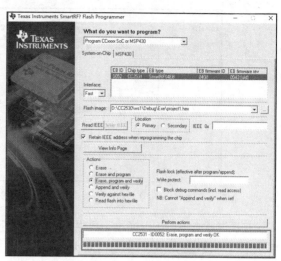

图 1-49　烧写成功界面

1.2.4　调试程序

IAR 软件除了可以编写、生成可执行文件，还可以进行程序的调试。在 1.2.3 处，烧写了可执行文件，单片机执行整个程序，但是并不能一步一步地查看每行代码执行的效果。如果想查看每行代码执行的效果，就需要对该工程进行调试。

1. 连接设备

此处连接设备和烧写部分的步骤类似。

2. 使用 IAR 软件

（1）单击 IAR 软件工具栏中"Download and Debug"按钮，该按钮位于图 1-50 中方框标记处。

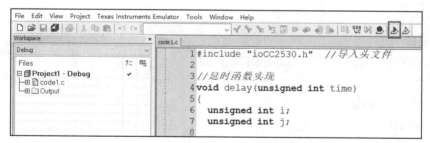

图 1-50　"Download and Debug"按钮

（2）IAR 软件调试界面如图 1-51 所示。在程序编写区域的绿色箭头处，如果该箭头指向的代码被选中，此行代码就是即将执行的代码。

此时，按计算机键盘上的 F10 键，CC2530 单片机就会执行绿色箭头当前指向的代码，然后绿色箭头移动到下一条待执行的代码前的位置。使用 F10 键单步运行本程序，同时观察 CC2530 开发板上 LED 的亮灭状态。

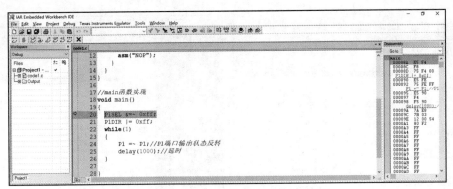

图1-51　IAR 软件调试界面

在调试状态下，可以通过工具栏上的几个按钮控制程序的执行。Debug 工具栏按钮如图 1-52 所示。这些按钮的功能从左到右依次是复位、停止执行、单步执行（会跳过函数体）、跳入函数体中、从函数体中跳出、下一个状态、执行到光标所在行、正常执行和退出调试。

图1-52　Debug 工具栏按钮

使用在线调试功能，不仅能下载代码，还能帮助开发人员分析代码执行过程等。

项目总结

本项目主要介绍了单片机的基础知识和 CC2530 单片机相关内容，讲解了其开发环境的搭建，以及如何使用 IAR 软件新建工程、编写代码、生成可执行文件，并对程序的烧写与调试进行了详细的说明。

本项目介绍了 CC2530 单片机的第一个项目，读者根据步骤进行操作的时候，一定要认真仔细、规范操作，为后面顺利进行其他项目的学习打下基础。

课后练习

一、单选题

1. CC2530 单片机是（　　）公司设计制作的。
   A. 华为　　　　　　B. TI　　　　　　　C. Intel　　　　　　D. AMD
2. CC2530 单片机的内核是（　　）。
   A. 8051CPU　　　B. 增强型 8051CPU　C. ARM　　　　　D. Cortex-M3
3. 开发 CC2530 工程时，使用的软件是（　　）。
   A. IAR　　　　　　　　　　　　　　　B. SmartRF Flash Programmer
   C. CC Debugger　　　　　　　　　　　D. Keil
4. 编写 CC2530 单片机程序是将程序编写到（　　）文件中。
   A. .c　　　　　　　B. .hex　　　　　　C. .exe　　　　　　D. .py
5. 编写 CC2530 单片机程序时，编译、生成的可执行文件是（　　）文件。
   A. .c　　　　　　　B. .hex　　　　　　C. .exe　　　　　　D. .py

6. CC2530F32 型单片机的 Flash 是（　　　）。

   A. 32kB   B. 32GB   C. 32MB   D. 32TB

7. CC2530 单片机是（　　）位的微控制器。

   A. 4   B. 8   C. 16   D. 32

8. CC2530 单片机的指令周期是（　　　）。

   A. 单时钟周期   B. 双时钟周期   C. 单机器周期   D. 双机器周期

9. CC2530 单片机启动时，默认使用的振荡器的频率是（　　　）。

   A. 16MHz   B. 32MHz   C. 16kHz   D. 32kHz

10. 调试 CC2530 工程时使用的软件是（　　　）。

   A. IAR   B. SmartRF Flash Programmer

   C. CC Debugger   D. Keil

二、简答题

1. 简述使用 IAR 软件创建 CC2530 单片机工程的步骤。

2. 简述使用 SmartRF Flash Programmer 软件烧写程序的步骤。

项目2
跑马灯的实现

02

项目目标

学习目标

1. 了解 CC2530 单片机的 I/O 端口的基础知识；
2. 理解 CC2530 单片机 I/O 端口相关寄存器的使用方法；
3. 掌握 CC2530 单片机 I/O 端口的使用方法；
4. 掌握延时函数的实现方法；
5. 理解并掌握&=~与|=两种复合运算符的使用方法；
6. 理解跑马灯与流水灯的概念；
7. 掌握跑马灯与流水灯的实现方法。

素养目标

1. 培养踏实的工作态度；
2. 形成严谨的工作作风。

任务 2.1　周期性点亮与熄灭 LED

任务目标

1. 了解 CC2530 单片机的 I/O 端口的基本组成；
2. 理解 CC2530 单片机 I/O 端口相关寄存器的使用方法；
3. 掌握 CC2530 单片机 I/O 端口的使用方法；
4. 掌握延时函数的实现方式；
5. 理解并掌握&=~与|=两种复合运算符的使用方法。

任务要求

CC2530 开发板上，以电源端为左端，从左向右依次有 D4、D3、D6、D5 这 4 个 LED。4 个 LED 位置示意图如图 2-1 所示。本任务以 CC2530 开发板上的 D3 为目标 LED，程序运行后，D3 点亮，隔一段时间，D3 熄灭，再隔一段时间，D3 点亮，如此循环。

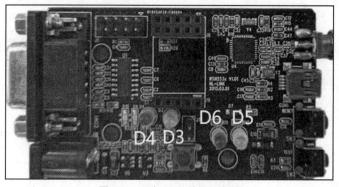

图 2-1　4 个 LED 位置示意图

微课

2.1.1　任务要求
和引脚介绍

知识链接

2.1.1　CC2530 单片机的引脚

单片机给人最直观的印象就是具有多个引脚，这些引脚各有各的功能。下面介绍 CC2530 单片机的 I/O 引脚。

1. CC2530 单片机引脚的分类

CC2530 单片机是一个边长为 6mm 的正方形芯片，每条边上有 10 个引脚，共 40 个引脚。CC2530 单片机的引脚布局如图 2-2 所示。

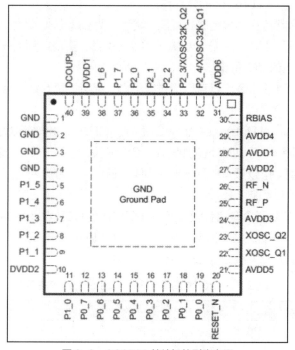

图 2-2　CC2530 单片机的引脚布局

CC2530 单片机的 40 个引脚，按功能可分成 6 类。引脚类型划分如表 2-1 所示。

表 2-1　引脚类型划分

引脚类型	包含引脚	功能简介
电源类引脚	AVDD1～6、DVDD1～2、GND、DCOUPL	为芯片供电
I/O 引脚	P0_0～P0_7、P1_0～P1_7、P2_0～P2_4	信号输入/输出
时钟引脚	XOSC_Q1、XOSC_Q2	时钟信号输入
复位引脚	RESET_N	让芯片复位
无线电引脚	RF_N、RF_P	外接无线收发天线
其他引脚	RBIAS	外接偏置电阻

下面主要介绍前 5 类引脚。

（1）电源类引脚。AVDD1～6 是模拟电源引脚，连接 2.6～3.6V 模拟电源，为模拟电路供电。DVDD1～2 是数字电源引脚，连接 2.6～3.6V 数字电源，为数字电路供电。GND 是接地引脚。DCOUPL 是芯片内部 1.8V 数字电源去耦电路引脚。

（2）I/O 引脚。CC2530 单片机有 21 个数字 I/O 引脚，这些引脚可以组成 3 个端口，分别为端口 0、端口 1 和端口 2，通常表示为 P0、P1 和 P2。其中，P0 和 P1 分别由 8 个引脚组成，都是 8 位端口，而 P2 仅由 5 个引脚组成，是 5 位端口。从图 2-2 中可以看出，P0_0、P0_1…P0_7 引脚，这 8 个引脚为一组，组成了 P0 端口；P1_0、P1_1…P1_7 引脚，这 8 个引脚为一组，组成了 P1 端口；P2_0、P2_1…P2_4 引脚，这 5 个引脚为一组，组成了 P2 端口。

（3）时钟引脚。XOSC_Q1、XOSC_Q2 连接 32MHz 外部晶振。从图 2-2 可以看出，P2_3 引脚可以复用作 XOSC32K_Q2，P2_4 引脚可以复用作 XOSC32K_Q1，即当这两个引脚不作为 I/O 引脚时，可以连接 32.768kHz 的外部晶振。

（4）复位引脚。该引脚连接复位电路，复位电路可以使 CC2530 单片机系统恢复到默认状态。

（5）无线电引脚。RF_N、RF_P 为射频天线 I/O 引脚，实现射频信号的接收和发送。

2. CC2530 单片机的 I/O 引脚

CC2530 单片机的 21 个 I/O 引脚可以通过编程进行配置，具有以下特性。

（1）可配置为通用 I/O 引脚

通用输入输出（General Purpose Input Output，GPIO）引脚常称为通用 I/O 引脚，也称为数字 I/O 引脚。通用 I/O 引脚可以对外输出逻辑值 0（表示低电平）或 1（表示高电平），也可读取从 I/O 引脚输入的逻辑值。可以通过编程将 I/O 引脚设置成输入方向或输出方向。

（2）可配置为外设 I/O 引脚

CC2530 单片机内部除了含有增强型 8051CPU，还含有其他外设。通过编程可将 I/O 引脚与这些外设建立连接关系，以便这些外设与 CC2530 单片机的外部电路进行数据交换。例如，ADC 的通道与 P0 端口引脚的对应关系如表 2-2 所示。

表 2-2　ADC 的通道与 P0 端口引脚的对应关系

ADC 的通道	AIN7	AIN6	AIN5	AIN4	AIN3	AIN2	AIN1	AIN0
P0 端口引脚	P0_7	P0_6	P0_5	P0_4	P0_3	P0_2	P0_1	P0_0

从表 2-2 可以看出，ADC 的 8 个通道 AIN0、AIN1…AIN7，分别占用 P0 端口的 8 个引脚，即 P0_0、P0_1…P0_7。当然，P0 端口引脚还能用于其他的外设。

需要注意的是，不能随意指定某个 I/O 引脚连接到某个外设，它们之间有一定的对应关系，具体知识将在后续任务中介绍。

（3）具有 3 种输入模式

当 CC2530 单片机的 I/O 引脚被配置成通用输入模式时，有上拉、下拉和三态 3 种输入模式，可通过编程配置某种输入模式，以适应多种不同的输入应用。

上拉是指 CC2530 单片机的引脚通过一个电阻连接到电源（高电平），当外部没有信号输入引脚时，引脚被上拉电阻固定在高电平。

下拉是指 CC2530 单片机的引脚通过一个电阻连接到地（低电平），当外部没有信号输入引脚时，引脚被下拉电阻固定在低电平。

三态也叫高阻态，即 I/O 引脚既没有上拉到电源，也没有下拉到地，呈现高阻值状态。引脚使用三态模式时，必须外接其他器件，此时由于不存在上拉电阻或下拉电阻，CC2530 单片机的功耗降低。另外，三态模式一般用于引脚的输出，特别是在 CC2530 单片机的引脚接在多个设备共用的通信总线上时。当单片机不发送信号时，采用三态模式可以保证不干扰其他设备之间的通信。

（4）具有外部中断功能

当使用外部中断功能时，I/O 引脚可以作为外部中断源的输入引脚，这使电路设计变得更加灵活。

2.1.2　I/O 端口的相关寄存器

在 CC2530 单片机内部，有一些具有特殊功能的存储单元，这些存储单元用来存放控制单片机内部器件的指令、数据或是运行过程中的一些状态信息。这些寄存单元统称为特殊功能寄存器（Special Function Register，SFR）。操作 CC2530 单片机本质上就是对这些 SFR 进行读写操作。SFR 的数据一般由 8 位二进制数组成，每位取值 0 或 1，某些 SFR 可以位寻址，即可以只对该 SFR 的某一位的值进行改变。为了便于使用，每个 SFR 都有一个名字。

与 I/O 端口相关的寄存器有很多，在实际运用时只需根据要求使用其中的部分寄存器即可。与通用 I/O 端口输出相关的寄存器有 3 类：Px、PxSEL、PxDIR。其中，x 取值为 0、1、2，分别对应 P0、P1 和 P2 端口。如果 x 取值为 0，则 P0、P0SEL、P0DIR 寄存器是用来对应 P0 端口的，即 P0、P0SEL、P0DIR 寄存器是用来配置 P0 端口的；如果 x 取值为 1，则 P1、P1SEL、P1DIR 寄存器是用来配置 P1 端口的。

微课

2.1.2　相关寄存器

接下来主要介绍这 3 类寄存器。

1. Px——端口 x 数据寄存器

在这里，Px 不是端口名字，而是与 Px 端口对应的 SFR 的名字。Px 寄存器可以用来配置其中的某个或某几个引脚输出高（或低）电平。例如，P1_0 引脚输出高电平，其代码如下。

```
1. P1 = 0x01;   //方式 1
```

或者

```
1. P1_0 = 1;    //方式 2
```

方式 1 是 CC2530 单片机 SFR 赋值的基本方式，适用于所有 SFR，该方式是将 2 位十六进制数（即 8 位二进制数）赋值给 SFR，即该 SFR 的 8 位数据都获得了更新。

方式 2 是将 1 位二进制数赋值给 SFR 的 8 位数据中的某一位。要使用该方式，SFR 必须是可以实现位寻址的。Px 寄存器可以实现位寻址。在上面的代码中，通过 P1_0，找到 P1 端口中的第 0 号引脚，设置其值为 1，实现 P1_0 引脚输出高电平。

2. PxSEL 寄存器——端口 x 功能选择寄存器

PxSEL 寄存器用来设置某个引脚是通用 I/O 引脚还是外设 I/O 引脚。PxSEL 寄存器各位功能如表 2-3 所示，其中 x 取值为 0 或 1。x 取值为 0 时，该表是 P0SEL 寄存器的各位功能描述，P0SEL 寄存器对 P0 端口各个引脚进行设置；x 取值为 1 时，该表是 P1SEL 寄存器的各位功能描述，P1SEL 寄存器对 P1 端口各个引脚进行设置。

表 2-3　PxSEL 寄存器各位功能

位	名称	复位	操作	描述
7	SELPx[7]	0	R/W	设置 Px_7 引脚的功能。 0：通用 I/O 引脚。1：外设 I/O 引脚
6	SELPx[6]	0	R/W	设置 Px_6 引脚的功能。 0：通用 I/O 引脚。1：外设 I/O 引脚
5	SELPx[5]	0	R/W	设置 Px_5 引脚的功能。 0：通用 I/O 引脚。1：外设 I/O 引脚
4	SELPx[4]	0	R/W	设置 Px_4 引脚的功能。 0：通用 I/O 引脚。1：外设 I/O 引脚
3	SELPx[3]	0	R/W	设置 Px_3 引脚的功能。 0：通用 I/O 引脚。1：外设 I/O 引脚
2	SELPx[2]	0	R/W	设置 Px_2 引脚的功能。 0：通用 I/O 引脚。1：外设 I/O 引脚
1	SELPx[1]	0	R/W	设置 Px_1 引脚的功能。 0：通用 I/O 引脚。1：外设 I/O 引脚
0	SELPx[0]	0	R/W	设置 Px_0 引脚的功能。 0：通用 I/O 引脚。1：外设 I/O 引脚

从表 2-3 可以看出，PxSEL 寄存器共有 8 位，从低到高，依次为 0、1、2…7，这 8 位依次用来设置 Px 端口的 Px_0、Px_1…Px_7 引脚。该寄存器复位后，各位的值都为 0，即初始状态下，Px 端口的引脚均为通用 I/O 引脚。

表 2-3 中"操作"这一列，是 PxSEL 寄存器对应位的操作约定，用来表示该寄存器的某一位是否可以读取或写入，或者读取、写入的数值是否为固定数值。SFR 位操作约定如表 2-4 所示。

表 2-4　SFR 位操作约定

符号	访问模式
R/W	可读取也可写入
R	只能读取
R0	读取的值始终为 0
R1	读取的值始终为 1
W	只能写入
W0	写入任何值都变成 0
W1	写入任何值都变成 1
H0	硬件自动将其变成 0
H1	硬件自动将其变成 1

P2SEL 寄存器与 P0SEL、P1SEL 寄存器稍有不同，P2SEL 寄存器各位功能如表 2-5 所示。P2SEL 寄存器的低 3 位是针对 P2 端口引脚的功能进行设置的。注意，P2 端口只有 P2_0、P2_3、P2_4 引脚可以用来设置为通用 I/O 引脚或外设 I/O 引脚。

表 2-5　P2SEL 寄存器各位功能

位	名称	复位	操作	描述
7	—	0	R0	没有使用
6	PR[3P]	0	R/W	P1 外设优先级控制。当模块被指派到相同的引脚时，该位可以确定哪个模块优先。 0：USART0 优先。1：USART1 优先
5	PR[2P]	0	R/W	P1 外设优先级控制。当 PERCFG 将 USART1 和定时器 3 分配到相同的引脚时，该位可以确定优先次序。 0：USART1 优先。1：定时器 3 优先
4	PR[1P]	0	R/W	P1 外设优先级控制。当 PERCFG 分配定时器 1 和定时器 4 到相同的引脚时，该位可以确定优先次序。 0：定时器 1 优先。1：定时器 4 优先
3	PR[0P]	0	R/W	P1 外设优先级控制。当 PERCFG 分配 USART0 和定时器 1 到相同的引脚时，该位可以确定优先次序。 0：USART0 优先。1：定时器 1 优先
2	SELP2_4	0	R/W	设置 P2_4 引脚的功能。 0：通用 I/O 引脚。1：外设 I/O 引脚
1	SELP2_3	0	R/W	设置 P2_3 引脚的功能。 0：通用 I/O 引脚。1：外设 I/O 引脚
0	SELP2_0	0	R/W	设置 P2_0 引脚的功能。 0：通用 I/O 引脚。1：外设 I/O 引脚

3. PxDIR 寄存器——端口 x 方向寄存器

PxDIR 寄存器用来设置某个引脚是输出方向还是输入方向。PxDIR 寄存器各位功能如表 2-6 所示，其中 x 取值为 0 或 1。x 取值为 0 时，该表描述的是 P0DIR 寄存器各位功能，P0DIR 寄存器对 P0 端口各引脚进行配置，x 取值为 1 时，该表描述的是 P1DIR 寄存器各位功能，P1DIR 寄存器对 P1 端口各引脚进行配置。该寄存器复位后，各位的值都为 0，即引脚为输入方向。

表 2-6　PxDIR 寄存器各位功能

位	名称	复位	操作	描述
7	DIRPx[7]	0	R/W	设置 Px_7 引脚数据传输方向。 0：输入。1：输出
6	DIRPx[6]	0	R/W	设置 Px_6 引脚数据传输方向。 0：输入。1：输出
5	DIRPx[5]	0	R/W	设置 Px_5 引脚数据传输方向。 0：输入。1：输出
4	DIRPx[4]	0	R/W	设置 Px_4 引脚数据传输方向。 0：输入。1：输出
3	DIRPx[3]	0	R/W	设置 Px_3 引脚数据传输方向。 0：输入。1：输出

位	名称	复位	操作	描述
2	DIRPx[2]	0	R/W	设置 Px_2 引脚数据传输方向。 0：输入。1：输出
1	DIRPx[1]	0	R/W	设置 Px_1 引脚数据传输方向。 0：输入。1：输出
0	DIRPx[0]	0	R/W	设置 Px_0 引脚数据传输方向。 0：输入。1：输出

P2DIR 寄存器与 P0DIR、P1DIR 寄存器稍有不同，P2DIR 寄存器各位功能描述如表 2-7 所示。该寄存器的低 5 位是对 P2 端口 5 个引脚的数据传输方向进行设置，第 5 位没有使用，高 2 位的功能与本任务无关，没有进行详细描述，如果感兴趣的话，可以查看 CC2530 单片机手册。

表 2-7　P2DIR 寄存器各位功能

位	名称	复位	操作	描述
7:6	PRIP0[1:0]	00	R/W	略
5	—	0	R0	不使用
4:0	DIRP2_[4:0]	0 0000	R/W	设置 P2_4 引脚到 P2_0 引脚的数据传输方向。 0：输入。1：输出

还有其他的寄存器可以用来配置 Px 端口，在后面的任务中将逐步讲解。

2.1.3　&=~与|=复合运算符

在 CC2530 单片机程序的开发过程中，会经常使用两个复合运算符：&=~、|=。作为初学者，掌握这两种复合运算符的使用方法是非常有必要的。

1. &=~复合运算符

&=~复合运算符由位与运算符&、赋值运算符=、位取反运算符~三者组合而成，该运算符可以实现将寄存器指定位复位（即设置成 0），且同时其他位保持不变，即不影响其他位的值，示意代码如下。

```
1. P1SEL &=~ 0x01;
```

这行代码的作用是将 P1SEL 寄存器中的第 0 位复位。P1SEL &=~ 0x01 式子转换步骤如图 2-3 所示。该图详细描述了该复合运算符的运算步骤。

微课

2.1.3　运算符

原式	P1SEL &=~ 0x01
变形，转换为	P1SEL &=(~0x01)
变形，转换为	P1SEL &=(~0000 0001B)
变形，转换为	P1SEL &=(1111 1110B)
变形，转换为	P1SEL = P1SEL &(1111 1110B)
结果	P1SEL 寄存器最低位的值变为 0，其他 7 位的值保持不变

图 2-3　P1SEL &=~ 0x01 式子转换步骤

P1SEL 寄存器与 1111 1110B 按位相与，1111 1110B 最低位的值是 0，其他位的值是 1，运算时，P1SEL 最低位（第 0 位）的值无论是 0 还是 1，与 1111 1110B 最低位（第 0 位）进行与运算，其结果都是 0。

而其他位，选择第 1 位进行介绍。假如 P1SEL 第 1 位的值为 1，与 1111 1110B 进行与运算，则运算后该位的值是 1；假如 P1SEL 第 1 位的值为 0，与 1111 1110B 进行与运算，则运算后该位的值还是 0，即 P1SEL 第 1 位的值保持不变。

同理，1111 1110B 的第 2 位至第 7 位都是 1，P1SEL 寄存器相应位与其各位进行与运算，P1SEL 寄存器相应位的值都保持不变。P1SEL 寄存器经过 &=~ 运算后各位的值的变化如图 2-4 所示。

P1SEL 寄存器位	7	6	5	4	3	2	1	0
~0x01	1	1	1	1	1	1	1	0
P1SEL 寄存器位的值	不变	不变	不变	不变	不变	不变	不变	0

图 2-4　P1SEL 寄存器经过 &=~ 运算后各位的值的变化

通过上面的例子可以看出，P1SEL 中的第 0 位被设置成 0，其他位的值保持不变。在这个例子中，符号后面的数字只有 1 位 1，所以，P1SEL 寄存器只有 1 位设置为 0。如果符号后面的数字有多位 1，则寄存器的对应位均设置为 0。举例来说明这个问题，看下面代码。

```
1. P0SEL &=~ 0x3e;
```

0x3e 转换成二进制后是 0011 1110B，该数字的第 1、2、3、4、5 位值为 1，故寄存器 P0SEL 的第 1、2、3、4、5 位值为 0，其他位值保持不变。

归纳总结：&=~ 复合运算符用于将寄存器某些位复位，且其他位保持不变。哪些位复位呢？就看该复合运算符后面二进制数哪些位的值为 1。

2. |=复合运算符

|=复合运算符由位或运算符|和赋值运算符=组成，用于将寄存器某些位置位（值设置为 1），且其他位的值保持不变。通过如下代码来理解该复合运算符的使用方法。

```
1. P1DIR |= 0x01;
```

P1DIR |= 0x01 式子运算步骤如图 2-5 所示。

原式	P1DIR　|= 0x01
变形，转换为	P1DIR = (P1DIR |0x01)
变形，转换为	P1DIR = (P1DIR |0000 0001B)
结果	P1DIR 寄存器最低位的值变为 1，其他 7 位的值保持不变

图 2-5　P1DIR |= 0x01 式子运算步骤

1 与任何二进制数字进行或运算的结果都是 1,0 与任何二进制数字进行或运算的结果都是二进制数字本身。故此处使用"|="运算符来对 P1DIR 进行设置，可以将该复合运算符后面二进制数字为 1 对应的寄存器位置位（设置成 1）且不影响其他位值。同时，该复合运算符后面二进制数字有多位 1，运算后，寄存器的相应位都设置为 1，其他位保持不变。

对于该复合运算符的使用方法，可以这样记：|=复合运算符用于将寄存器某些位置位，且其他位值保持不变。哪些位置位呢？就看该复合运算符后面二进制数字为 1 对应的寄存器位。

任务分析

2.1.4 分析流程图

本任务实现思路及相关步骤如下。

（1）CC2530 单片机上电，设置并点亮 D3。

（2）延时一段时间，熄灭 D3。

（3）延时一段时间，点亮 D3。

（4）返回步骤（2），继续重复执行。

CC2530 单片机周期性点亮与熄灭 D3 流程图如图 2-6 所示。

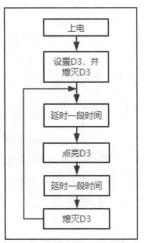

图 2-6　CC2530 单片机周期性点亮与熄灭 D3 流程图

2.1.5 分析电路图

要完成该任务，需要知道 D3 与 CC2530 单片机引脚的具体连接方式。同时，为了控制 D3 的亮灭状态，还需要明确 CC2530 单片机的 I/O 引脚是否可以控制 D3 的亮灭，以及 CC2530 单片机引脚的工作电压与驱动电流。

1. LED 的连接和工作原理

CC2530 开发板上 D3 与 CC2530 单片机的 P1 端口连接电路图如图 2-7 所示。图 2-7 是本书所采用的 CC2530 开发板完整电路图的部分截图，其中，图 2-7（b）仅展示了 P1 端口 8 个引脚的连接方式。在本书中，一般使用 P1_0、P1_1…P1_7 来表示各引脚，在开发板厂商提供的电路图中，采用 P1.0、P1.1…P1.7 来表示各引脚，实际上 P1_0 就是 P1.0。为了统一，在本书中采用 P1_0 这种形式。

D3、D4、D5、D6 的连接方式相似。其中，图 2-7（a）是 LED 负极端连接的电路图，LED 负极端通过电路接地，图 2-7（b）是 LED 正极端连接的电路图，正极端连接 P1 端口的引脚。观察图 2-7，可以看到 D3（即 LED1）的负极端通过一个限流电阻（R8，1kΩ）连接到地（低电平），D3 正极端连接 CC2530 单片机的 P1_0 引脚。

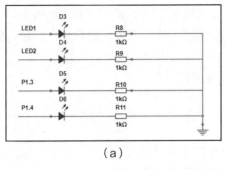

（a）

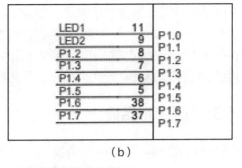

（b）

图 2-7 D3 与 CC2530 单片机的 P1 端口连接电路图

为了控制 D3，连接 D3 的 P1_0 引脚应被配置成通用输出引脚。当 P1_0 引脚输出低电平时，D3 正极端和负极端都为低电平，D3 两端没有电压差，就不会有电流流过 D3，此时 D3 熄灭。当 P1_0 引脚输出高电平时，D3 正极端电平高于负极端电平，D3 两端存在电压差，会有电流从端口流出，并通过 D3 的正极端流向负极端，此时 D3 点亮。

2. 工作电压与驱动电流

CC2530 单片机一般采用 2.6～3.6V 的供电电压，而外接的直流电源一般是 5V 的，故在开发板中，常常采用电源转换芯片，将 5V 电压转换为 3.3V 电压，再给 CC2530 单片机供电。

LED 工作时的电流不能过大，否则 LED 会被烧坏。同时，CC2530 单片机的 I/O 引脚输入和输出电流的能力是有限的，因此，这里需要使用电阻限制电流的大小。LED 工作时的电压压降约为 1.8V，I/O 引脚输出电压为 3.3V。当 LED 点亮时，其工作电流的大小也就是流过电阻的电流大小。当前电路中电流的大小为 (3.3-1.8)V/1000 Ω =1.5mA。

CC2530 单片机的 I/O 引脚除 P1_0 和 P1_1 有 20mA 的驱动电流外，其他 I/O 引脚只有 4mA 的驱动电流。在应用中，从 I/O 引脚流入或流出的电流不能超过该引脚的驱动电流。

任务实现

导入头文件、延时函数实现、I/O 相关寄存器设置这 3 部分的代码是 CC2530 单片机为控制 LED 所做的准备工作，也是整个程序的基础代码。I/O 相关寄存器设置代码是实现后续代码功能的前提，且在 CC2530 单片机上电后只需要执行一次，因此要将其放置在 main 函数中的最前面。

微课

2.1.5 任务实现

2.1.6 创建工程

在 D:\CC2530 目录下，新建文件夹 ws2。打开 IAR 软件，创建本任务的工程。将本项目的工作区重命名为 ws2，工程名为 Project1，在项目中添加名为 code1.c 的代码文件。

参考项目 1 中对工程的配置方式，对本工程的 3 个位置进行配置。

2.1.7 导入头文件

在 code1.c 文件中导入 ioCC2530.h 文件，代码如下。

```
1. #include "ioCC2530.h" //导入头文件
```

该文件是为 CC2530 单片机编程所需的头文件，它包含 CC2530 单片机中对各个 SFR 的定义。只有在导入该头文件后，才能在程序代码中直接使用 SRF 的名称，如 P1、P1DIR 等。注意这个文件名字中字母的大小写，初学者很容易写错。

在后续各任务的代码编写过程中，一定要先导入头文件。

2.1.8　编写延时函数

LED 控制流程中需要用到延时函数，在 code1.c 中单独编写一个名为 delay 的函数，实现延时功能，在需要延时的位置调用该函数即可。delay 函数定义代码如下。

```
1. void delay(unsigned int time)
2. {
3.   unsigned int i;
4.   unsigned int j;
5.
6.   for(i = 0;i < time;i++){
7.     for(j = 0;j < 720;j++)
8.     {
9.       asm("NOP");
10.    }
11.  }
12.}
```

asm 函数的作用是将其内部的参数翻译为汇编指令，即可以在 C 语言中直接使用汇编指令。NOP 是一个空等待汇编指令，执行该指令时，CC2530 单片机什么也不做，仅仅起延时的作用。该延时函数使用两个 for 循环嵌套让 CPU 执行，从而消耗一定的时间，达到延时的效果。

delay 函数带有一个整型参数 time，在调用函数时，参数值的大小决定了延时时间的长短。

2.1.9　设置 I/O 引脚的相关寄存器

D3 连接到 P1_0 引脚，需要将 P1_0 引脚配置成通用 I/O 引脚，并将引脚配置成输出方向。

1. 设置 P1_0 引脚为通用 I/O 引脚

本任务中使用的是 P1_0 引脚，该引脚属于 P1 端口，因此需要设置 P1SEL 寄存器。将 P1_0 引脚设置为通用 I/O 引脚，其代码如下。

```
1. P1SEL &=~ 0x01;
```

通过 2.1.3 节可知，该代码可以设置 P1SEL 寄存器的最低位值为 0，其他位值保持不变，通过查表 2-3 可知，P1 端口最低位（P1_0）值为 0，即将 P1_0 引脚配置为通用 I/O 引脚。

2. 设置 P1_0 引脚为输出方向

P1_0 引脚被配置成通用 I/O 引脚后，还要设置其传输数据的方向。使用该引脚对 D3 进行亮灭状态的控制，实际是该引脚对外输出电信号，因此要将 P1_0 引脚的数据传输方向设置成输出方向。配置 P1_0 引脚的数据传输方向使用 P1DIR 寄存器。

查看表 2-5，可知将 P1_0 引脚设置成输出方向，需要将 P1DIR 中的最低位（即 DIRP1[0]）设置成 1，其代码如下。

```
1. P1DIR |= 0x01;              //设置 P1_0 引脚为输出方向
```

3. 熄灭 D3

根据电路可知，要熄灭 D3，只需让 P1_0 引脚输出低电平，即输出 0，其代码如下。

```
1. P1_0 = 0;                   //熄灭 D3
```

2.1.10 编写 main 函数

根据任务要求，main 函数循环部分代码如下。

```
1. while(1)//程序主循环
2. {
3.      P1_0 = 1;              //点亮 D3
4.      delay(1000);          //延时
5.      P1_0 = 0;             //熄灭 D3
6.      delay(1000);          //延时
7. }
```

2.1.11 完成任务完整代码

该任务的完整代码如下。

```
1. #include "ioCC2530.h"  //导入头文件
2.
3. //延时函数实现
4. void delay(unsigned int time)
5. {
6.   unsigned int i;
7.   unsigned int j;
8.
9.   for(i = 0;i < time;i++){
10.    for(j = 0;j < 720;j++)
11.    {
12.      asm("NOP");
13.    }
14.  }
15.}
16.
17.//main 函数实现
18.void main()
19.{
20.   P1SEL &=~ 0x01;
21.   P1DIR |= 0x01;
22.   P1_0 = 0;
23.   delay(1000);
24.   while(1)
25.   {
26.     P1_0 = 1;
```

```
27.    delay(1000);
28.    P1_0 = 0;
29.    delay(1000);
30.  }
31.}
```

2.1.12　烧写可执行文件并查看实验效果

微课

2.1.6　实验效果

　　　　编译程序，并生成可执行文件，将该文件烧写到 CC2530 单片机中，观察 CC2530 开发板的运行效果。CC2530 开发板上电后，会发现 D3 初始是熄灭状态，一段时间后 D3 点亮，之后，D3 的亮灭状态呈周期性交替变化。

技能提升

2.1.13　宏定义的使用

　　在该程序的 main 函数中，直接使用引脚控制 D3 的亮灭状态，如果 D3 与 CC2530 单片机的连接方式发生改变，如 D3 连接 P1_3 引脚，则需要将程序中所有的"P1_0"修改成"P1_3"。这种编程方式不利于程序的修改，可以使用宏定义的方法来解决这个问题，代码如下。

```
1. #define  D3  (P1_0)      //宏定义
```

　　#define 表示进行宏定义，比如#define a (b)，表示在程序进行编译时，编译器会将代码中出现的所有 a 用 b 替换掉。括号不是必需的，但加括号可以避免出现某些运算方面的错误。使用宏定义，可以为某些量设置一个显而易见的名字，例如，用 D3 代替 P1_0，就可以知道 D3 是某个 LED。这也是宏定义的优点之一。总之，使用宏定义可以让程序的可读性增强，方便维护程序。
　　将上述代码添加到头文件代码之后，此时程序中所有的 P1_0 就可以用 D3 取代。

```
1. void main()
2. {
3.    P1SEL &=~ 0x01;        //设置 P1_0 引脚为通用 I/O 引脚
4.    P1DIR |= 0x01;         //设置 P1_0 引脚为输出方向
5.    D3 = 0;
6.    while(1)
7.    {
8.        D3 = 1;            //点亮 D3
9.        delay(1000);       //延时
10.       D3 = 0;            //熄灭 D3
11.       delay(1000);       //延时
12.    }
13.}
```

　　完整代码如下。

```
1. #include "ioCC2530.h"   //导入头文件
2.
3. #define D3 (P1_0)        //宏定义，用 D3 代替 P1_0
```

```
4.  //延时函数实现
5.  void delay(unsigned int time)
6.  {
7.    unsigned int i;
8.    unsigned int j;
9.
10.   for(i = 0;i < time;i++){
11.     for(j = 0;j<720;j++)
12.     {
13.       asm("NOP");
14.     }
15.   }
16.}
17.
18.//main 函数实现
19.void main()
20.{
21.   P1SEL &=~0x01;
22.   P1DIR |= 0x01;
23.   D3 = 0;
24.   while(1)
25.   {
26.     D3 = 1;
27.     delay(1000);
28.     D3 = 0;
29.     delay(1000);
30.   }
31.}
```

将程序重新编译，生成可执行文件并烧写后，会发现 CC2530 开发板的运行效果与之前的没有任何不同，但程序变得更加容易理解。同时，如果电路连接发生改变，只需要修改初始化代码和宏定义的内容即可，方便了程序的后期维护管理。

任务 2.2   简易跑马灯的实现

任务目标

1. 理解跑马灯、流水灯的概念；
2. 能够使用 CC2530 开发板实现简易跑马灯。

任务要求

使用 CC2530 开发板上的 D4、D3、D6、D5 这 4 个 LED 实现跑马灯。开发板上电后，按照上面的顺序，从 D4 开始，4 个 LED 依次亮起，每次只亮 1 个 LED，当点亮最右边的 D5 后，完成一次点亮操作，之后重复此点亮操作。

知识链接

2.2.1 跑马灯与流水灯介绍

跑马灯是单片机中较为常见的概念，与之相似的是流水灯的概念。实现跑马灯或者流水灯往往是初学者入门单片机学习的经典案例。跑马灯与流水灯都涉及多个 LED 按顺序亮灭的问题，那么跑马灯与流水灯有什么区别呢？可以从字面上进行区分与理解。

跑马灯可以这样理解：马儿跑起来，它每次换一个位置。例如，从位置 A 跳到位置 B，再跳到位置 C 等，这个过程中，马儿只有一匹，但是在不同位置按顺序出现。而流水灯可以这样理解：水流过的地方，都有水的痕迹。例如，水从位置 A 流到位置 B，再流到位置 C 等，在这个过程中，从位置 A 到位置 B 再到位置 C，均有水的痕迹。这就是跑马灯与流水灯的不同。

跑马灯示意图如图 2-8 所示。图中有 3 个 LED，分别是 A、B、C，依次排成一行，实现跑马灯效果时，这 3 个 LED 会按照一定的顺序（从左向右或从右向左）依次亮起，且每次只亮 1 个 LED，即点亮新的 LED 同时熄灭之前亮的 LED。当最后一个 LED 点亮后，再将第一个 LED 点亮同时熄灭最后一个 LED，然后重复这样的过程。

流水灯示意图如图 2-9 所示。流水灯则是按照一定的顺序（从左向右或从右向左）依次亮起，点亮新的 LED，之前的 LED 继续保持点亮状态，最后一个 LED 点亮后，熄灭所有的 LED，再点亮第一个 LED，并重复这样的过程。

2.2.1 任务要求和跑马灯流水灯概念

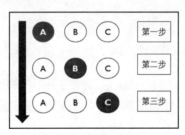

图 2-8 跑马灯示意图

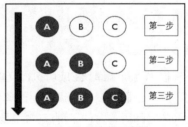

图 2-9 流水灯示意图

任务分析

2.2.2 分析流程图

本任务实现思路及相关步骤如下。

（1）CC2530 单片机上电，设置与 D4、D3、D6、D5 相关的寄存器，熄灭 D4、D3、D6、D5，完成初始化。

（2）延时一段时间，点亮 D4，熄灭 D3、D6、D5。

（3）延时一段时间，点亮 D3，熄灭 D4、D6、D5。

（4）延时一段时间，点亮 D6，熄灭 D4、D3、D5。

（5）延时一段时间，点亮 D5，熄灭 D4、D3、D6。

（6）返回步骤（2），继续重复执行。

跑马灯的实现流程图如图 2-10 所示。

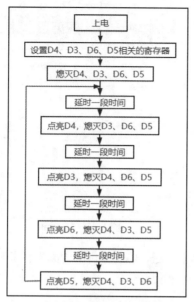

图 2-10 跑马灯的实现流程图

2.2.3 分析电路图

CC2530 开发板上 D3、D4、D5、D6 与 CC2530 单片机的连接如图 2-7 所示，LED 的负极端分别通过一个限流电阻接地（低电平），它们的正极端分别连接 CC2530 单片机的 P1_0、P1_1、P1_3、P1_4 引脚。

为控制这 4 个 LED，连接 LED 的 P1_0、P1_1、P1_3、P1_4 引脚应被配置成通用输出引脚。如果要点亮 D3，则需要 P1_0 引脚输出高电平；如果要熄灭 D3，则需要 P1_0 引脚输出低电平。

任务实现

本任务的实施包括创建工程、编写代码、烧写可执行文件等步骤。

2.2.4 创建工程

同一个项目的不同任务可以共用一个工作区，但是不同的任务需要使用不同的工程。接下来介绍如何在同一个工作区中创建不同的工程。

1. 新建 Project2

由于这是项目 2 的第 2 个工程，所以继续使用任务 2.1 中创建的工作区。

进入路径 D:\CC2530\ws2，找到 ws2 快捷方式并双击，打开 IAR 软件。单击菜单栏中的 "Project"，在下拉菜单中单击 "Create New Project"，如图 2-11 所示，新建 Project2。

打开 "Create New Project" 对话框，单击 "OK" 按钮，如图 2-12 所示。打开 "另存为" 对话框，

如图 2-13 所示，在"文件名"文本框中输入第 2 个工程的名称，即"Project2"，单击"保存"按钮。

图 2-11　新建 Project2

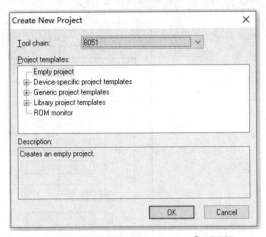

图 2-12　"Create New Project"对话框

Project2 创建成功，如图 2-14 所示。此时，IAR 软件的界面仍然是 Project1 的 code1.c 文件。接下来，继续创建本任务的 .c 文件，即 code2.c。

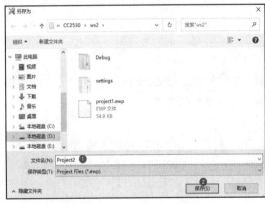

图 2-13　"另存为"对话框

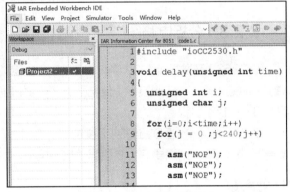

图 2-14　Project2 创建成功

2. 新建 code2.c

与在 Project1 中新建 code1.c 类似，单击菜单栏中的"New document"按钮，按"Ctrl+S"组合键，打开"另存为"对话框，将文件名改为"code2.c"，将保存路径设置为"D:\CC2530\ws2"，单击"保存"按钮。

3. 将 code2.c 文件添加到 Project2 中

与在 Project1 中将 code1.c 文件添加到 Project1 类似，选中"Project2"并右击，在弹出的快捷菜单中依次选择"Add"→"Add"code2.c"'"，添加 code2.c 文件到 Project2 中，如图 2-15 所示。

这样，将 code2.c 文件添加到 Project2 中就完成了。编码前准备工作完成，如图 2-16 所示。接下来在 code2.c 中添加相关代码。

4. 工程设置

参考项目 1 中对工程的配置方式，对本工程的 3 个位置进行配置。

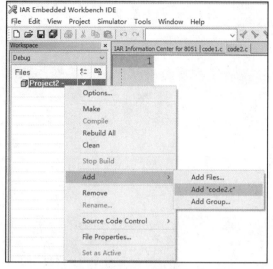

图 2-15　添加 code2.c 文件到 Project2 中

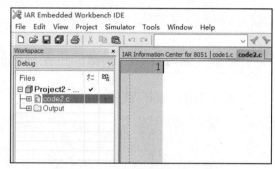

图 2-16　编码前准备工作完成

2.2.5　编写基础代码

接下来介绍导入头文件、编写延时函数、初始化 I/O 引脚 3 部分内容，这 3 部分内容构成了本任务的基础代码。

1. 导入头文件

参考任务 2.1 该部分的实现方式。

2. 编写延时函数

参考任务 2.1 该部分的实现方式。

3. 初始化 I/O 引脚

D3、D4、D5、D6 分别连接到 P1_0、P1_1、P1_3、P1_4 引脚，需要将这 4 个 I/O 引脚配置成通用 I/O 引脚，并将引脚设置成输出方向。

（1）设置成通用 I/O 引脚。

将 P1_0、P1_1、P1_3、P1_4 引脚设置为通用 I/O 引脚，查表 2-3 可知，代码如下。

```
1. P1SEL &=~ 0x1b;        //设置 P1_0、P1_1、P1_3、P1_4 引脚为通用 I/O 引脚
```

上面代码表示将 P1SEL 寄存器的第 0 位、第 1 位、第 3 位、第 4 位的值设置为 0。

（2）将 P1_0、P1_1、P1_3、P1_4 引脚设置成输出方向。

将 P1_0、P1_1、P1_3、P1_4 引脚设置成输出方向，查表 2-5，需要将 P1DIR 寄存器中的第 0 位、第 1 位、第 3 位、第 4 位的值设置为 1，代码如下。

```
1. P1DIR |= 0x1b;        //设置 P1_0、P1_1、P1_3、P1_4 引脚为输出方向
```

（3）宏定义，并熄灭 D3、D4、D5、D6。

在引入头文件后面添加宏定义，代码如下。

```
1. #define D4 (P1_1)
2. #define D3 (P1_0)
```

```
3. #define D6 (P1_4)
4. #define D5 (P1_3)
```

熄灭 4 个 LED，代码如下。

```
1.  D4 = 0;
2.  D3 = 0;
3.  D6 = 0;
4.  D5 = 0;
```

2.2.6　编写 main 函数的主循环代码

main 函数的主循环代码如下。

```
1.  while(1)
2.  {
3.    delay(1000);
4.    D4 = 1;
5.    D3 = 0;
6.    D6 = 0;
7.    D5 = 0;
8.    delay(1000);
9.    D4 = 0;
10.   D3 = 1;
11.   D6 = 0;
12.   D5 = 0;
13.   delay(1000);
14.   D4 = 0;
15.   D3 = 0;
16.   D6 = 1;
17.   D5 = 0;
18.   delay(1000);
19.   D4 = 0;
20.   D3 = 0;
21.   D6 = 0;
22.   D5 = 1;
23. }
```

2.2.7　完成任务完整代码

该任务的完整代码如下。

```
1. #include "ioCC2530.h" //导入头文件
2.
3. // 宏定义
4. #define D4 (P1_1)
5. #define D3 (P1_0)
6. #define D6 (P1_4)
7. #define D5 (P1_3)
8.
9. //延时函数实现
10.void delay(unsigned int time)
11.{
12.  unsigned int i;
```

```
13.   unsigned int j;
14.
15.   for(i = 0;i < time;i++){
16.     for(j = 0;j < 720;j++)
17.     {
18.       asm("NOP");
19.     }
20.   }
21.}
22.//main 函数实现
23.void main()
24.{
25.   P1SEL &=~ 0x1b;   //0001 1011
26.   P1DIR |= 0x1b;
27.
28.   D4 = 0;
29.   D3 = 0;
30.   D6 = 0;
31.   D5 = 0;
32.
33.   while(1)
34.   {
35.     delay(1000);
36.     D4 = 1;
37.     D3 = 0;
38.     D6 = 0;
39.     D5 = 0;
40.     delay(1000);
41.     D4 = 0;
42.     D3 = 1;
43.     D6 = 0;
44.     D5 = 0;
45.     delay(1000);
46.     D4 = 0;
47.     D3 = 0;
48.     D6 = 1;
49.     D5 = 0;
50.     delay(1000);
51.     D4 = 0;
52.     D3 = 0;
53.     D6 = 0;
54.     D5 = 1;
55.   }
56.}
```

2.2.8　烧写可执行文件并查看实验效果

编译工程，生成可执行文件并烧写，烧写到 CC2530 单片机中，查看实验效果。可以看到 D4、D3、D6、D5 依次亮起，每次只亮一个 LED，D5 点亮之后，再从 D4 开始依次点亮，如此循环。

微课

2.2.4　实验效果

2.2.9　切换工程

现在已经将项目 2 的两个工程全部完成，那么如何在一个工作区中切换查看两个 Project 呢？

当前 IAR 软件界面如图 2-17 所示。单击界面左下角的"Overview"按钮，如图 2-18 所示，可以查看整个工作区的两个 Project：Project1 和 Project2。单击"Project2"按钮，可以查看 Project2。单击"Project1"按钮，切换到 Project1 界面，如图 2-19 所示。在 Project1 界面单击 code1.c 文件，则编程区显示出 code1.c 文件内容。这样，两个工程可以灵活切换，完成编程、编译、生成可执行文件，互不干扰。这个 IAR 软件的使用方法在后续项目中还会用到，后文不再重复讲述。

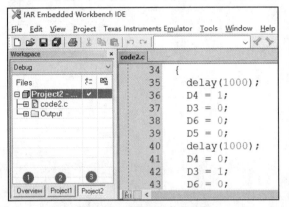

图 2-17　当前 IAR 软件界面　　　　图 2-18　单击"Overview"按钮

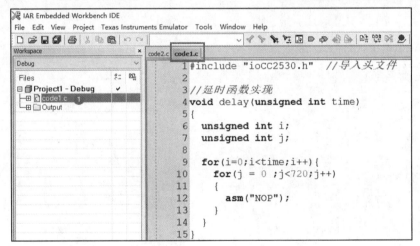

图 2-19　Project1 界面

技能提升

2.2.10　流水灯的实现

利用 D4、D3、D6、D5 实现流水灯效果。具体过程如下。

（1）开发板上电后，D4、D3、D6、D5 都熄灭。

（2）延时一段时间后，D4 点亮。

（3）延时一段时间后，D4、D3 点亮。

（4）延时一段时间后，D4、D3、D6 点亮。

（5）延时一段时间后，D4、D3、D6、D5 点亮。

（6）延时一段时间后，LED 都熄灭。

（7）返回步骤（2），继续重复执行。

完整代码如下。

```
1.  #include "ioCC2530.h" //导入头文件
2.
3.  // 宏定义
4.  #define D4 (P1_1)
5.  #define D3 (P1_0)
6.  #define D6 (P1_4)
7.  #define D5 (P1_3)
8.
9.  //延时函数实现
10. void delay(unsigned int time)
11. {
12.   unsigned int i;
13.   unsigned int j;
14.
15.   for(i = 0;i < time;i++){
16.     for(j = 0;j < 720;j++)
17.     {
18.       asm("NOP");
19.     }
20.   }
21. }
22. //main 函数实现
23. void main()
24. {
25.   P1SEL &=~ 0x1b;  //0001 1011
26.   P1DIR |= 0x1b;
27.
28.   D4 = 0;
29.   D3 = 0;
30.   D6 = 0;
31.   D5 = 0;
32.
33.   while(1)
34.   {
35.     delay(1000);
36.     D4 = 1;
37.     D3 = 0;
38.     D6 = 0;
39.     D5 = 0;
40.     delay(1000);
41.     D4 = 1;
42.     D3 = 1;
43.     D6 = 0;
44.     D5 = 0;
45.     delay(1000);
46.     D4 = 1;
47.     D3 = 1;
48.     D6 = 1;
49.     D5 = 0;
50.     delay(1000);
```

```
51.      D4 = 1;
52.      D3 = 1;
53.      D6 = 1;
54.      D5 = 1;
55.      delay(1000);
56.      D4 = 0;
57.      D3 = 0;
58.      D6 = 0;
59.      D5 = 0;
60.   }
61.}
```

项目总结

　　本项目主要讲解 CC2530 单片机 I/O 端口的基本知识。通过本项目可使读者理解 I/O 端口的组成，掌握寄存器的概念和 I/O 端口相关寄存器的基本使用方法、延时函数的编写方法、&=~和|=复合运算符的使用规则、跑马灯的概念，并通过 CC2530 单片机相关寄存器的设置与其他代码组合实现跑马灯程序。本项目是初学者入门学习环节，读者要学会查看和使用寄存器表。

课后练习

一、单选题

1. CC2530 单片机具有（　　）个 I/O 引脚。
   A. 24　　　　　　　B. 16　　　　　　　C. 8　　　　　　　D. 21

2. CC2530 单片机中，P2 端口具有（　　）个 I/O 引脚。
   A. 5　　　　　　　　B. 8　　　　　　　C. 7　　　　　　　D. 4

3. &=~复合运算符是让寄存器某位取值为（　　）。
   A. 0　　　　　　　　B. 1　　　　　　　C. 2　　　　　　　D. 3

4. 设置 P1 端口某个引脚为输出方向，需要对（　　）寄存器进行操作。
   A. P1DIR　　　　　B. P1SEL　　　　　C. P0DIR　　　　　D. P1INP

5. CC2530 单片机的供电电压是（　　）。
   A. 2.6～3.6V　　　B. 1.6～3.6V　　　C. 2.6～5V　　　　D. 3.3～5.6V

6. CC2530 单片机有（　　）个 I/O 端口。
   A. 1　　　　　　　　B. 2　　　　　　　C. 3　　　　　　　D. 4

二、简答题

1. CC2530 有几个并行 I/O 端口？分别有几个引脚？

2. 要操作并行 I/O 端口，需要对哪些寄存器进行设置？

3. 复合运算符&=~与|=分别有什么作用？

4. 宏定义在程序中的作用是什么？

项目3
按键控制LED亮灭

03

项目目标

学习目标

1. 理解并掌握判断按键事件触发的两种方式；
2. 理解 I/O 引脚的 3 种输入模式及相关寄存器的使用方式；
3. 掌握软件去抖的实现方式；
4. 理解单片机中断的概念和作用；
5. 了解与中断相关的概念；
6. 了解中断的处理过程；
7. 掌握 CC2530 单片机外部中断的配置方法；
8. 掌握中断服务函数编写方法。

素养目标

1. 培养学生良好的学习习惯；
2. 树立学生的求真、求实意识。

任务 3.1 按键控制 LED 亮灭——查询方式

任务目标

1. 理解并掌握查询方式判断按键事件触发的原理与实现方式；
2. 理解 I/O 引脚的 3 种输入模式及相关寄存器的使用方式；
3. 掌握软件去抖的实现方式。

任务要求

CC2530 开发板上 D3、按键 SW1 位置示意图如图 3-1 所示。观察该图，找到 D3 和按键 SW1 的位置。以 SW1 为目标按键，开发板上电后 D3 熄灭，在程序中判断按键是否被按下，每次按键被按下，将 D3 的亮灭状态切换一次，即由亮到灭，或者由灭到亮。

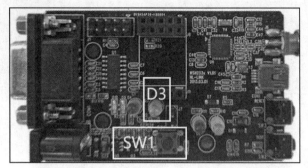

图 3-1　CC2530 开发板上 D3、SW1 位置示意图

知识链接

3.1.1　查询方式

按键事件的处理是 CC2530 单片机的重要知识点之一。一般来说，按键会连接外部电源（或接地）、电阻，以及单片机的 I/O 引脚。按下按键会导致 CC2530 单片机 I/O 引脚上高、低电平发生变化。在程序中，通过不断查询 I/O 引脚上的高、低电平状态来判断按键是否被按下的方式，称为查询方式。

3.1.2　通用 I/O 引脚的输入功能

CC2530 单片机的 I/O 引脚作为通用 I/O 引脚使用时，可以配置成输出功能或输入功能。当 I/O 引脚配置成输入功能时，单片机可以从外部设备获取输入的电信号。例如，P1_2 引脚连接一个按键，当该按键被按下的时候，就有一个电信号通过 P1_2 引脚进入单片机。I/O 引脚被配置成输入功能时，这些引脚可以设置成上拉、下拉或三态 3 种输入模式。具体采用哪种输入模式，可通过编程进行设置，以满足外接电路设计的要求。需要注意，P1_0 和 P1_1 引脚没有上拉和下拉功能。

CC2530 单片机的 I/O 引脚通过引脚上电平的高、低来判断输入信号是逻辑值 1 还是逻辑值 0。接近电源电压值的电平信号被认为是逻辑值 1，如 3.0～3.3V 的电压被认为是逻辑值 1；接近 0V 电压的电平信号被认为是逻辑值 0，如 0～0.3V 的电压被认为是逻辑值 0。如果 CC2530 单片机的 I/O 引脚没有外部设备或者外部设备没为 CC2530 单片机提供输入信号，那么 CC2530 单片机引脚上的电压就变得不确定，其幅值范围可能为 0～3.3V，CC2530 单片机就无法正确判断引脚上的状态。所以，在实际应用中需要使用上拉电阻或下拉电阻来将单片机引脚上的电压固定为确定的值。

3.1.3　按键消抖

通常所用的按键是机械弹性开关，由于机械触点的弹性作用，一个按键在闭合时不会马上稳定地接通，在断开时也不会马上稳定地断开，而是在闭合或断开的瞬间伴随一连串的抖动。机械按键抖动示意图如图 3-2 所示。

抖动时间的长短由按键的机械特性决定，一般为 5～10ms。人按下按键的时间一般为零点几秒至数秒。由于单

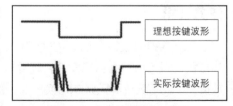

图 3-2　机械按键抖动示意图

片机运行速度快，按键的抖动会导致在一次按下过程中，单片机识别出多次按下和抬起。为避免这种情况，需要消除按键抖动带来的影响。

按键消抖的方法有两种：硬件消抖和软件消抖（也称软件去抖）。

硬件消抖是通过电路硬件设计的方法来过滤按键输出信号，将抖动信号过滤成理想信号后传输给单片机。

软件消抖是通过程序过滤的方法，在程序中检测到按键动作后，延时一段时间再次检测按键状态，如果延时前后按键的状态一致，则说明按键正常执行动作，否则认为按键抖动。

本任务使用软件消抖的方法，来消除抖动带来的影响。

3.1.4 用查询方式处理按键事件的相关寄存器

PxINP 寄存器即 Px 端口输入模式寄存器，用来设置引脚在输入状态下是上拉、下拉，还是三态。其中，P0INP、P1INP 寄存器相似，具体分别如表 3-1、表 3-2 所示。

微课

3.1.2 相关寄存器的使用

表 3-1　P0INP 寄存器

位	名称	复位	操作	描述
7	MDP0[7]	0	R/W	设置 P0_7 引脚的 I/O 输入模式。 0：上拉或下拉。1：三态
6	MDP0[6]	0	R/W	设置 P0_6 引脚的 I/O 输入模式。 0：上拉或下拉。1：三态
5	MDP0[5]	0	R/W	设置 P0_5 引脚的 I/O 输入模式。 0：上拉或下拉。1：三态
4	MDP0[4]	0	R/W	设置 P0_4 引脚的 I/O 输入模式。 0：上拉或下拉。1：三态
3	MDP0[3]	0	R/W	设置 P0_3 引脚的 I/O 输入模式。 0：上拉或下拉。1：三态
2	MDP0[2]	0	R/W	设置 P0_2 引脚的 I/O 输入模式。 0：上拉或下拉。1：三态
1	MDP0[1]	0	R/W	设置 P0_1 引脚的 I/O 输入模式。 0：上拉或下拉。1：三态
0	MDP0[0]	0	R/W	设置 P0_0 引脚的 I/O 输入模式。 0：上拉或下拉。1：三态

表 3-2　P1INP 寄存器

位	名称	复位	操作	描述
7	MDP1[7]	0	R/W	设置 P1_7 引脚的 I/O 输入模式。 0：上拉或下拉。1：三态
6	MDP1[6]	0	R/W	设置 P1_6 引脚的 I/O 输入模式。 0：上拉或下拉。1：三态
5	MDP1[5]	0	R/W	设置 P1_5 引脚的 I/O 输入模式。 0：上拉或下拉。1：三态
4	MDP1[4]	0	R/W	设置 P1_4 引脚的 I/O 输入模式。 0：上拉或下拉。1：三态

位	名称	复位	操作	描述
3	MDP1[3]	0	R/W	设置 P1_3 引脚的 I/O 输入模式。 0：上拉或下拉。1：三态
2	MDP1[2]	0	R/W	设置 P1_2 引脚的 I/O 输入模式。 0：上拉或下拉。1：三态
1:0	—	00	R0	不使用

从表 3-1、表 3-2 可以看出，P0INP 和 P1INP 寄存器仅能设置引脚是否为三态，在不是三态的情况下，不能区分是上拉还是下拉。要设置为上拉或下拉，还要配合使用 P2INP 寄存器。P2INP 寄存器具体如表 3-3 所示。

表 3-3　P2INP 寄存器

位	名称	复位	操作	描述
7	PDUP2	0	R/W	P2 端口所有引脚选择上拉或下拉。 0：上拉。1：下拉
6	PDUP1	0	R/W	P1 端口所有引脚选择上拉或下拉。 0：上拉。1：下拉
5	PDUP0	0	R/W	P0 端口所有引脚选择上拉或下拉。 0：上拉。1：下拉
4	MDP2[4]	0	R/W	设置 P2_4 引脚的 I/O 输入模式。 0：上拉或下拉。1：三态
3	MDP2[3]	0	R/W	设置 P2_3 引脚的 I/O 输入模式。 0：上拉或下拉。1：三态
2	MDP2[2]	0	R/W	设置 P2_2 引脚的 I/O 输入模式。 0：上拉或下拉。1：三态
1	MDP2[1]	0	R/W	设置 P2_1 引脚的 I/O 输入模式。 0：上拉或下拉。1：三态
0	MDP2[0]	0	R/W	设置 P2_0 引脚的 I/O 输入模式。 0：上拉或下拉。1：三态

P2INP 寄存器中，低 5 位用来选择 P2 端口各位的输入模式，高 3 位分别为 P0 端口、P1 端口和 P2 端口中的所有引脚选择使用上拉还是下拉。

任务分析

3.1.5　分析流程图

本任务实现思路及相关步骤如下。

（1）CC2530 单片机上电，配置 SW1、D3 对应的 I/O 引脚，并熄灭 D3。

（2）软件去抖，判断 SW1 是否被按下。

（3）如果 SW1 被按下，切换 D3 亮灭状态，等待 SW1 被抬起后，返回步骤（2），继续执行；如果 SW1 没被按下，返回步骤（2），继续执行。

查询方式下使用按键控制 D3 亮灭流程图如图 3-3 所示。

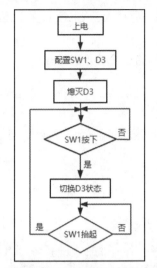

3.1.3　任务分析

图 3-3　查询方式下使用按键控制 D3 亮灭流程图

3.1.6　分析电路图

在项目 2 中已经知道 D3 与 P1_0 引脚相连，现在需要分析 SW1 按键的具体连接方式。

在 CC2530 开发板上，SW1 按键与 I/O 引脚的连接示意图如图 3-4 所示。在图 3-4 中，SW1 按键的附近有 1 号、2 号、3 号、4 号这 4 个引脚。SW1 按键的上端（3 号、4 号引脚）通过一个上拉电阻连接到 3.3V 电源，同时连接到 CC2530 单片机的 P1_2 引脚，下端（1 号、2 号引脚）连接到地。当 SW1 按键没有被按下时，CC2530 单片机的 P1_2 引脚相当于外接了一个上拉电阻，并连接到 3.3V 电源上，呈现高电平状态。当 SW1 按键被按下时，SW1 按键的 4 个引脚导通，CC2530 单片机的 P1_2 引脚相当于直接连接到地，呈现低电平状态。另外，电容器 C19 起滤波作用，具有一定的消抖功能。

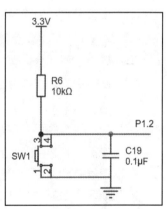

图 3-4　SW1 按键与 I/O 引脚的
连接示意图

根据图 3-4 可知，当 SW1 按键被按下时，从 P1_2 引脚读取的逻辑值是 0；当 SW1 按键没被按下时，从 P1_2 读取的逻辑值是 1。

任务实现

在本任务的实现中，需要用软件去抖的方式处理按键事件，针对按键的连接引脚，要将其配置成输入方向，并且设置相应的上拉/下拉模式。

3.1.4　任务实现

3.1.7 创建工程

在 D:\CC2530 目录下新建文件夹 ws3。打开 IAR 软件，参考项目 1 的做法，创建本任务的工程，且将工作区名称另存为 ws3，Project 名称另存为 Project1，在项目中添加名为 code1.c 的代码文件。

参考项目 1 对工程的配置方式，对本工程的 3 个位置进行配置。

3.1.8 编写基础代码

基础代码的编写主要包括导入头文件、宏定义、编写延时函数、设置 I/O 引脚相关寄存器等。

1. 导入头文件

参考项目 1 的实现方式导入头文件。

2. 宏定义

对 D3 和 SW1 使用的 I/O 引脚进行宏定义。

```
1. #define  D3  (P1_0)      //D3 引脚宏定义
2. #define  SW1 (P1_2)      //SW1 引脚宏定义
```

3. 编写延时函数

参考项目 1 的实现方式编写延时函数。

4. 设置 I/O 引脚相关寄存器

（1）设置 P1_0 引脚为通用 I/O 引脚，方向为输出方向。

```
1. P1SEL &=~ 0x01; //设置 P1_0 引脚为通用 I/O 引脚
2. P1DIR |= 0x01;  //设置 P1_0 引脚为输出方向
```

（2）设置 P1_2 引脚为通用 I/O 引脚，方向为输入方向。

```
1. P1SEL &=~ 0x04; //设置 P1_2 引脚为通用 I/O 引脚
2. P1DIR &=~ 0x04; //设置 P1_2 引脚为输入方向
```

（3）设置 P1_2 引脚为上拉模式。

在本任务中，SW1 按键与 CC2530 单片机连接时外接了上拉电阻，在程序代码中需要设置 P1_2 引脚使用上拉模式，代码如下。

```
1. P1INP &=~ 0x04; //设置 P1_2 引脚为上拉/下拉模式
2. P2INP &=~ 0x40; //设置 P1_2 引脚为上拉模式
```

由于 CC2530 单片机复位后，各个 I/O 引脚默认使用的就是上拉模式，所以该部分代码也可省略。

（4）熄灭 D3。

```
1. D3 = 0;
```

3.1.9 编写 main 函数的主循环代码

在 main 函数的主循环中，使用 if 语句判断 SW1 的值是否为 0。如果为 0，则说明按键被按下。

接着进行延时并再次判断 SW1 的值是否为 0，消除按键抖动。如果最终确定按键被按下，则切换 D3 的亮灭状态。之后，为等待按键抬起，需再次对 SW1 的状态进行判断，如果 SW1 为 0 就说明按键还没松开，需要继续等待。程序主循环的代码如下。

```
1. while(1)//程序主循环
2. {
3.     if(SW1 == 0)                //如果按键被按下
4.     {
5.         delay(100);             //软件消抖进行延时
6.         if(SW1 == 0)            //经过延时后按键仍旧处在按下状态
7.         {
8.             D3 = !D3;            //切换 D3 的亮灭状态
9.             while(!SW1);        //等待按键松开
10.        }
11.    }
12.}
```

在两个 if(SW1 == 0)代码中间添加一个延时 delay(100)，就是软件去抖的具体实现方式。下面来分析等待按键松开的这行代码。

```
1. while(!SW1);      //等待按键松开
```

当按键处在按下状态的时候，SW1 的值为 0，!SW1 的值为 1，这样 while(!SW1)是死循环，会导致 CC2530 单片机一直循环执行该行代码，即导致单片机"卡"在这里。当按键抬起的时候，SW1 的值为 1，!SW1 的值为 0，该循环会结束，然后继续执行主循环。

在 main 函数的主循环中，使用 if(SW1 == 0)代码不断读取 SW1 的值是否为 0，从而判断按键事件是否发生。

3.1.10　完成任务完整代码

本任务的完整代码如下。

```
1. #include "ioCC2530.h"
2.
3. #define SW1  (P1_2)
4. #define D3   (P1_0)
5.
6. void delay(unsigned int time){
7.     unsigned int i;
8.     unsigned int j;
9.
10.    for(i = 0;i < time;i++)
11.      for(j = 0;j < 720;j++)
12.      {
13.          asm("NOP");
14.      }
15.}
16.
```

```
17.void main()
18.{
19.    P1SEL &=~ 0x01;
20.    P1DIR |= 0x01;    //对 D3 进行设置
21.    D3 = 0;
22.
23.    P1SEL &=~ 0x04;
24.    P1DIR &=~ 0x04;    //设置 SW1 引脚输入方向
25.    P1INP &=~ 0x04;    //设置 SW1 为上拉或下拉模式
26.    P2INP &=~ 0x40;    //设置 SW1 为上拉模式
27.
28.    while(1)
29.    {
30.      if(SW1 == 0)
31.      {
32.        delay(100);
33.        if(SW1 == 0)
34.        {
35.          D3 = !D3;
36.          while(!SW1);
37.        }
38.      }
39.    }
40.}
```

3.1.11　烧写可执行文件并查看实验效果

微课

3.1.5　实验效果

编译项目并生成可执行文件，将其烧写到 CC2530 单片机中，观察单片机的运行效果。CC2530 单片机运行后，D3 最初是熄灭状态。当按下 SW1 按键后，D3 点亮；再次按下 SW1 按键后，D3 熄灭。每次按下 SW1 按键，都会使 D3 的亮灭状态切换。

技能提升

3.1.12　用按键控制流水灯的启动或暂停——查询方式

使用查询方式利用按键控制流水灯的启动或暂停，具体要求如下。

（1）CC2530 单片机上电后，D4、D3、D6、D5 按顺序组成流水灯并运行。

（2）当按下 SW1 按键时，流水灯暂停运行。

提示：可以在延时函数中添加代码，SW1 按键被按下时执行循环，等待 SW1 按键松开。

完整代码如下。

```
1. #include "ioCC2530.h"
2.
3. #define SW1  (P1_2)
4.
5. #define D3   (P1_0)
```

```
6.  #define D4    (P1_1)
7.  #define D5    (P1_3)
8.  #define D6    (P1_4)
9.
10. void delay2(unsigned int time){
11.    unsigned int i;
12.    unsigned int j;
13.
14.    for(i = 0;i < time;i++)
15.    {
16.      for(j = 0;j < 720;j++)
17.      {
18.        asm("NOP");
19.      }
20.    }
21. }
22.
23. void delay(unsigned int time){
24.    unsigned int i;
25.    unsigned int j;
26.
27.    for(i = 0;i < time;i++)
28.    {
29.      for(j = 0;j < 720;j++)
30.      {
31.        asm("NOP");
32.        if(SW1 == 0)
33.        {
34.          //延时
35.          delay2(50);
36.          if(SW1 == 0)
37.          {
38.            while(!SW1);
39.          }
40.        }
41.      }
42.    }
43. }
44.
45. void main()
46. {
47.   P1SEL &=~ 0x1b;
48.   P1DIR |= 0x1b;
49.   D3 = 0;
50.   D4 = 0;
51.   D5 = 0;
52.   D6 = 0;
53.
54.   P1SEL &=~ 0x04;
```

```
55.  P1DIR &=~ 0x04; //设置 SW1, 方向是输入
56.  P1INP &=~ 0x04; //设置 SW1 为上拉/下拉
57.  P2INP &=~ 0x40; //设置 SW1 为上拉
58.
59.  while(1)
60.  {
61.    // 4 3 6 5
62.    D3 = 0;
63.    D4 = 1;
64.    D5 = 0;
65.    D6 = 0;
66.    delay(100);
67.    D3 = 1;
68.    D4 = 1;
69.    D5 = 0;
70.    D6 = 0;
71.    delay(100);
72.    D3 = 1;
73.    D4 = 1;
74.    D5 = 0;
75.    D6 = 1;
76.    delay(100);
77.    D3 = 1;
78.    D4 = 1;
79.    D5 = 1;
80.    D6 = 1;
81.    delay(100);
82.  }
83.}
```

任务 3.2 按键控制 LED 亮灭——中断方式

任务目标

1. 理解单片机中断的概念和作用；
2. 理解与中断相关的概念；
3. 了解中断的处理过程；
4. 掌握 CC2530 外部中断的配置方法；
5. 掌握中断服务函数的编写方法。

任务要求

CC2530 开发板上电后，D4、D3 组成简易流水灯并开始运行。在程序中，使用中断的方式来判断 SW1 按键是否被按下，每次被按下，流水灯的状态切换一次，即由运行到暂停或者由暂停到运行。D4、D3、SW1 布局图如图 3-5 所示。

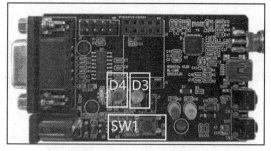

图 3-5　D4、D3、SW1 布局图

微课

3.2.1　任务要求
和基础概念

知识链接

3.2.1　中断介绍

在 CC2530 单片机中，中断是一种重要的处理机制，它使得程序在执行过程中可以被打断，转而先执行其他特定的程序，该程序执行完成后，再返回继续执行原来的程序。本任务将介绍中断的相关知识。

1. 中断的概念

中断即中间打断。对于 CC2530 单片机来讲，中断是指 CPU 在执行当前程序时，由于 CC2530 单片机系统中出现了某种急需处理的情况，需要 CPU 暂停执行当前程序，转而执行另一段特殊程序以处理出现的紧急事件，该特殊程序执行完成后，CPU 自动返回原先暂停的程序，并继续执行。这种程序在执行过程中由于外部的原因而被停止执行的情况称为中断。

2. 中断的作用

中断使得 CC2530 单片机系统具备应对突发事件的能力，提高了 CPU 的工作效率。如果没有中断，CPU 就只能按照程序编写的先后顺序，对各个外设进行依次查询和处理，这种方式就是轮询方式。轮询方式看似公平，但实际工作效率很低，且不能及时响应紧急事件。

采用中断机制，可以为 CC2530 单片机系统带来以下好处。

（1）提高 CPU 的工作效率

处理速度较快的 CPU 和处理速度较慢的外设可以各做各的事情。外设可以在完成工作后再与 CPU 进行交互，而不需要 CPU 去等待外设完成工作，这样能够有效提高 CPU 的工作效率。

（2）实现实时处理

在控制过程中，CPU 能够根据当时情况及时做出反应，实现实时处理的要求。

（3）实现异常处理

CC2530 单片机系统在运行过程中往往会出现一些异常情况，中断能够保证 CPU 及时知道出现的异常并解决，避免整个 CC2530 单片机系统出现大的问题。

3. 与中断相关的概念

与中断相关的概念主要有主程序、中断源、中断请求等，下面依次介绍。

（1）主程序

主程序是在发生中断前，CPU 正在执行的程序。

（2）中断源

中断源是发出中断的来源。CC2530 单片机具有多个中断源，如外部中断、定时/计数器中断或

ADC 中断等。

（3）中断请求

中断请求是中断源要求 CPU 执行其他程序的请求。例如，模数转换结束后，ADC 模块会向 CPU 提出中断请求，要求 CPU 读取模数转换结果。中断源会使用某些 SFR 中的特殊位来表示是否有中断请求，这些特殊位称为中断标志位，当有中断请求出现时，对应的中断标志位会被置位。

（4）断点

断点是 CPU 响应中断后，主程序被打断的位置。当 CPU 处理完中断事件后，会返回该断点位置继续执行主程序。

（5）中断服务函数

中断服务函数是 CPU 响应中断后所执行的程序。例如，ADC 中断被响应后，CPU 执行相应的中断服务函数，该函数实现的功能一般是从 ADC 结果寄存器中取走并使用转换好的数据。中断服务函数也称为中断服务程序。

（6）中断向量

中断向量是中断服务函数的入口地址。当 CPU 响应中断请求时，会跳转到该地址去执行程序。

（7）中断控制器

中断控制器是一个硬件设备，用于接收来自中断源的中断请求信号，并将该信号发送给 CPU。中断控制器还负责对中断进行优先级排序和屏蔽，以确保优先级高的中断及时被处理，优先级低的中断暂时被屏蔽。

（8）中断系统

中断系统是单片机用于处理中断请求的硬件和软件的集合。

4. 中断嵌套和中断优先级

当有多个中断源向 CPU 同时提出中断请求时，中断系统采用中断嵌套的方式来依次处理各个中断源的中断请求。中断嵌套示意图如图 3-6 所示。

在中断嵌套中，CPU 通过中断源的优先级来判断优先为哪个中断源服务。优先级高的中断源可以打断优先级低的中断源的处理程序，而

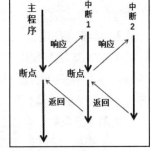

图 3-6 中断嵌套示意图

优先级相同或更低的中断源的中断请求不会打断当前的处理程序，CPU 只有处理完当前的程序，才能继续响应后续中断请求。为便于灵活运用，CC2530 单片机各个中断源的优先级通常是可以通过编程设定的。

3.2.2 CC2530 单片机的中断系统

微课

3.2.2 中断源与中断优先级

CC2530 单片机的中断系统提供了丰富的中断资源和灵活的配置选项，以实现实时响应外部事件和有效地进行任务处理。

1. CC2530 单片机的中断源

CC2530 单片机具有 18 个中断源，每个中断源都由各自的一系列 SRF 进行控制。CC2530 单片机中断源的相关信息如表 3-4 所示。

表 3-4　CC2530 单片机中断源的相关信息

中断号	中断源名称	功能描述	中断向量
0	RFERR	RF 发送完成或接收完成	03H
1	ADC	ADC 转换结束	0BH
2	URX0	USART0 接收完成	13H
3	URX1	USART1 接收完成	1BH
4	ENC	AES 加密/解密完成	23H
5	ST	睡眠计时器比较	2BH
6	P2INT	P2 端口外部中断	33H
7	UTX0	USART0 发送完成	3BH
8	DMA	DMA 传输完成	43H
9	T1	T1 捕获/比较/溢出	4BH
10	T2	T2 中断	53H
11	T3	T3 捕获/比较/溢出	5BH
12	T4	T4 捕获/比较/溢出	63H
13	P0INT	P0 端口外部中断	6BH
14	UTX1	USART1 发送完成	73H
15	P1INT	P1 端口外部中断	7BH
16	RF	RF 通用中断	83H
17	WDT	看门狗计时溢出	8BH

18 个中断源可以根据需要来决定是否让 CPU 对其进行响应,只需要编程设置相关 SFR 即可。后续会逐步学习这些中断源的使用方法。

2. CC2530 单片机中断源的优先级

CC2530 单片机将 18 个中断源划分成 6 个优先级组:IPG0、IPG1…IPG5,每个优先级组包含 3 个中断源。CC2530 单片机的优先级组与中断源的关系如表 3-5 所示。

表 3-5　CC2530 单片机的优先级组与中断源的关系

优先级组	中断源		
IPG0	RFERR	RF	DMA
IPG1	ADC	T1	P2INT
IPG2	URX0	T2	UTX0
IPG3	URX1	T3	UTX1
IPG4	ENC	T4	P1INT
IPG5	ST	P0INT	WDT

6 个优先级组的优先级可以分别被设置成 0、1、2、3 级,即由用户指定具体的中断优先级。其中,0 级属于最低优先级,3 级为最高优先级。

同时,为保证中断系统正常工作,CC2530 单片机的中断系统还存在自然优先级,如下。

(1)如果多个优先级组被设置成相同的优先级,则组号小的比组号大的优先级高。

(2)同一优先级组中所包含的 3 个中断源,最左侧的优先级最高,最右侧的优先级最低。

例如,设置 IPG3 优先级为 2,IPG2 优先级为 2,则 IPG2 的 3 个中断源优先级比 IPG3 的高,即 IPG2 的 URX0、T2、UTX0 中断源的优先级要比 IPG3 的 URX1、T3、UTX1 中断源的优先级高。同时，位于 IPG3 的 3 个中断源的优先级由高到低的顺序是 URX1、T3、UTX1。

微课

3.2.4 相关
寄存器 1

要将 6 个优先级组设置成不同优先级，可以使用 IP1 和 IP2 这 2 个寄存器。IPx 寄存器如表 3-6 所示，x 取值为 0 或 1。IPG0、IPG1、IPG2…IPG5 这 6 组中断源优先级组分别用 IP1 和 IP0 寄存器的第 0 位（IPx_IPG0）、第 1 位（IPx_IPG1）、第 2 位（IPx_IPG2）、第 3 位（IPx_IPG3）、第 4 位（IPx_IPG4）、第 5 位（IPx_IPG5）来进行优先级设置，IPx 寄存器的第 6 位、第 7 位没有使用。要为优先级组设置优先级，需要将 IP1 和 IP0 寄存器的相应位组合使用。例如，要配置 IPG0 的优先级，需要将 IP1 寄存器的第 0 位（IP1_IPG0）和 IP0 寄存器的第 0 位（IP0_IPG0）组合进行配置。优先级设置如表 3-7 所示。

表 3-6 IPx 寄存器

位	名称	复位	操作	描述
7:6	—	00	R/W	不使用
5	IPx_IPG5	0	R/W	IPG5 的优先级控制位
4	IPx_IPG4	0	R/W	IPG4 的优先级控制位
3	IPx_IPG3	0	R/W	IPG3 的优先级控制位
2	IPx_IPG2	0	R/W	IPG2 的优先级控制位
1	IPx_IPG1	0	R/W	IPG1 的优先级控制位
0	IPx_IPG0	0	R/W	IPG0 的优先级控制位

表 3-7 优先级设置

IP1_IPGy	IP0_IPGy	优先级
0	0	0
0	1	1
1	0	2
1	1	3

注：y 取值为 0、1、2、3、4、5。当取值为 1 时，表 3-7 中为 IP1_IPG1 和 IP0_IPG1 的组合。

例如，要设置的中断源优先级为 P0INT＞P1INT＞P2INT，查表 3-5 可知，P0INT 属于 IPG5，P1INT 属于 IPG4，P2INT 属于 IPG1。实现该优先级排序，可使用以下代码。

```
1. IP1 = 0x30;
2. IP0 = 0x22;
```

上面两行代码表示设置 IPG5 的优先级为 3，IPG4 的优先级为 2，IPG1 的优先级为 1。IPG5～IPG0 的优先级设置示意图如图 3-7 所示。要设置 IPG5 的优先级，需要对 IP1_IPGy、IP0_IPGy 的第 5 位进行设置，即 y 取 5。当 IP1_IPG5、IP0_IPG5 的取值分别为 1、1 时，IPG5 的优先级为 3。IPG4、IPG1 的优先级也这样进行设置。

优先级组	IPG5	IPG4	IPG3	IPG2	IPG1	IPG0
y 取值	5	4	3	2	1	0
IP1_IPGy 取值	1	1	0	0	0	0
IP0_IPGy 取值	1	0	0	0	1	0
优先级	3	2	0	0	1	0

图 3-7 IPG5～IPG0 的优先级设置示意图

3. 中断服务函数

CPU 在响应中断后，会暂停正在执行的程序，转而去执行相应的中断服务函数。因此，要使用中断功能，就必须编写中断服务函数。

微课

3.2.3 中断
服务函数

中断服务函数与一般的自定义函数不同，在 IAR 软件编程环境中有特定的书写格式。中断服务函数的编写规则如下。

```
1. #pragma  vector = <中断向量>
2. __interrupt  void  <函数名称>(void)
3. {
4.     /*此处编写中断处理程序*/
5. }
```

在每一个中断服务函数之前，都要加上一行起始语句。

```
1. #pragma  vector = <中断向量>
```

<中断向量>表示该中断服务函数是哪个中断源的。该语句有两种写法。例如，为本任务所需的 P1 端口中断编写中断服务函数时，可以这样写：

```
1. #pragma  vector = P1INT_VECTOR
```

或者：

```
1. #pragma  vector = 0x7B
```

第一种写法是将中断向量用 CC2530 单片机头文件中的 P1 中断向量的宏定义 P1INT_VECTOR 表示，第二种写法是将中断向量用 P1 中断向量的内存地址表示。

要查看 CC2530 单片机头文件中有关中断向量的宏定义，可打开"ioCC2530.h"头文件，查找到"Interrupt Vectors"部分，便可以看到 18 个中断源所对应的中断向量宏定义，具体代码如下。

```
1. #define   RFERR_VECTOR    VECT(  0, 0x03 )
2. #define   ADC_VECTOR      VECT(  1, 0x0B )
3. #define   URX0_VECTOR     VECT(  2, 0x13 )
4. #define   URX1_VECTOR     VECT(  3, 0x1B )
5. #define   ENC_VECTOR      VECT(  4, 0x23 )
6. #define   ST_VECTOR       VECT(  5, 0x2B )
7. #define   P2INT_VECTOR    VECT(  6, 0x33 )
8. #define   UTX0_VECTOR     VECT(  7, 0x3B )
9. #define   DMA_VECTOR      VECT(  8, 0x43 )
10.#define   T1_VECTOR       VECT(  9, 0x4B )
11.#define   T2_VECTOR       VECT( 10, 0x53 )
12.#define   T3_VECTOR       VECT( 11, 0x5B )
13.#define   T4_VECTOR       VECT( 12, 0x63 )
14.#define   P0INT_VECTOR    VECT( 13, 0x6B )
15.#define   UTX1_VECTOR     VECT( 14, 0x73 )
16.#define   P1INT_VECTOR    VECT( 15, 0x7B )
17.#define   RF_VECTOR       VECT( 16, 0x83 )
18.#define   WDT_VECTOR      VECT( 17, 0x8B )
```

在上面的代码中，可以看到 P1INT_VECTOR 的值就是 0x7B。0x7B 即 P1 端口中断服务函数在内存中的地址。CPU 通过该地址即可找到需要执行的中断服务函数。

　　__interrupt 表示该函数是一个中断服务函数，函数名称可以自由命名，函数体不能带参数或有返回值。另外需要注意，__interrupt 前面的"__"由两个短下画线构成。

3.2.3　与端口中断相关的寄存器

微课

3.2.5　相关
寄存器 2

　　与端口中断相关的寄存器主要有 IENx、PxIEN、PICTL、TCON、IRCON、IRCON2、PxIFG。下面分别介绍它们的作用。

1. IENx——中断使能寄存器

　　IENx，中断使能寄存器，其中，x 取值为 0、1、2，该系列寄存器中有 18 个中断源的控制位及中断系统控制位，具体如表 3-8、表 3-9、表 3-10 所示。IEN0 寄存器和 IEN1 寄存器可以进行位寻址。CC2530 单片机的 18 个中断源均有各自的控制位来控制是否使能该中断源，如果使能该中断源，则该中断源产生中断后，CPU 可以处理该中断源对应的中断服务函数，如果禁止该中断源，则 CPU 不能处理该中断源对应的中断服务函数。另外，还有一个中断系统控制位，即 IEN0 寄存器中的 EA 位，无论要使用哪个中断源，均要使能 EA 位。

表 3-8　IEN0 寄存器

位	名称	复位	操作	描述
7	EA	0	R/W	中断系统控制位。 0：禁止所有中断。 1：中断使能，但究竟哪些中断被允许还要看各中断源自身的使能控制位设置
6	—	0	R0	未使用
5	STIE	0	R/W	睡眠定时器中断控制位。 0：中断禁止。1：中断使能
4	ENCIE	0	R/W	AES 加密/解密中断控制位。 0：中断禁止。1：中断使能
3	URX1IE	0	R/W	USART1 接收中断控制位。 0：中断禁止。1：中断使能
2	URX0IE	0	R/W	USART0 接收中断控制位。 0：中断禁止。1：中断使能
1	ADCIE	0	R/W	ADC 中断控制位。 0：中断禁止。1：中断使能
0	RFERRIE	0	R/W	RF 发送/接收中断控制位。 0：中断禁止。1：中断使能

表 3-9　IEN1 寄存器

位	名称	复位	操作	描述
7:6	—	00	R0	不使用，读为 0
5	P0IE	0	R/W	P0 端口中断控制位。 0：中断禁止。1：中断使能
4	T4IE	0	R/W	T4 中断控制位。 0：中断禁止。1：中断使能

位	名称	复位	操作	描述
3	T3IE	0	R/W	T3 中断控制位。 0：中断禁止。1：中断使能
2	T2IE	0	R/W	T2 中断控制位。 0：中断禁止。1：中断使能
1	T1IE	0	R/W	T1 中断控制位。 0：中断禁止。1：中断使能
0	DMAIE	0	R/W	DMA 传输中断控制位。 0：中断禁止。1：中断使能

表 3-10 IEN2 寄存器

位	名称	复位	操作	描述
7:6	—	00	R0	不使用，读为 0
5	WDTIE	0	R/W	看门狗定时器中断控制位。 0：中断禁止。1：中断使能
4	P1IE	0	R/W	P1 端口中断控制位。 0：中断禁止。1：中断使能
3	UTX1IE	0	R/W	USART1 发送中断控制位。 0：中断禁止。1：中断使能
2	UTX0IE	0	R/W	USART0 发送中断控制位。 0：中断禁止。1：中断使能
1	P2IE	0	R/W	P2 端口中断控制位。 0：中断禁止。1：中断使能
0	RFIE	0	R/W	RF 中断控制位。 0：中断禁止。1：中断使能

2. PxIEN——端口中断屏蔽寄存器

CC2530 单片机的 P0、P1 和 P2 端口中的每个引脚都具有外部中断输入功能。外部中断即从 I/O 引脚向单片机输入电平信号，当输入的电平信号符合设置的触发条件时，中断系统便会向 CPU 提出中断请求。使用外部中断可以方便地监测单片机外部设备的状态或请求，如按键被按下的信号等。

在使用 I/O 端口引脚的外部中断时，要具体到该 I/O 端口的某个或某几个引脚，即使用 I/O 端口引脚的外部中断时，不仅要该端口具有中断功能，还要设置当前端口中具体某个或某几个引脚具有中断功能，将不需要使用中断功能的引脚屏蔽掉中断功能。屏蔽 I/O 端口的引脚中断功能使用 PxIEN 寄存器。P0IEN 寄存器和 P1IEN 寄存器如表 3-11 所示，P2IEN 寄存器如表 3-12 所示。

表 3-11 PxIEN 寄存器

位	名称	复位	操作	描述
7	Px[7]IEN	0x00	R/W	Px_7 引脚中断使能。 0：中断禁止。1：中断使能
6	Px[6]IEN	0x00	R/W	Px_6 引脚中断使能。 0：中断禁止。1：中断使能

续表

位	名称	复位	操作	描述
5	Px[5]IEN	0x00	R/W	Px_5 引脚中断使能。 0：中断禁止。1：中断使能
4	Px[4]IEN	0x00	R/W	Px_4 引脚中断使能。 0：中断禁止。1：中断使能
3	Px[3]IEN	0x00	R/W	Px_3 引脚中断使能。 0：中断禁止。1：中断使能
2	Px[2]IEN	0x00	R/W	Px_2 引脚中断使能。 0：中断禁止。1：中断使能
1	Px[1]IEN	0x00	R/W	Px_1 引脚中断使能。 0：中断禁止。1：中断使能
0	Px[0]IEN	0x00	R/W	Px_0 引脚中断使能。 0：中断禁止。1：中断使能

表 3-12　P2IEN 寄存器

位	名称	复位	操作	描述
7:6	—	00	R/W	未使用
5	DPIEN	0	R/W	USB D+中断使能
4	P2[4]IEN	0	R/W	P2_4 引脚中断使能。 0：中断禁止。1：中断使能
3	P2[3]IEN	0	R/W	P2_3 引脚中断使能。 0：中断禁止。1：中断使能
2	P2[2]IEN	0	R/W	P2_2 引脚中断使能。 0：中断禁止。1：中断使能
1	P2[1]IEN	0	R/W	P2_1 引脚中断使能。 0：中断禁止。1：中断使能
0	P2[0]IEN	0	R/W	P2_0 引脚中断使能。 0：中断禁止。1：中断使能

从表 3-11、表 3-12 中可以看出，在默认状态下，端口的各个引脚的中断功能是禁止的。

3. PICTL——端口中断触发方式寄存器

CC2530 单片机的 I/O 引脚提供了上升沿触发和下降沿触发两种外部触发方式。所谓上升沿触发，即输入信号出现由低电平到高电平的跳变时引起中断请求；所谓下降沿触发，即输入信号出现由高电平到低电平的跳变时引起中断请求。PICTL 寄存器用来设置引脚外部中断的触发方式。PICTL 寄存器如表 3-13 所示。

表 3-13　PICTL 寄存器

位	名称	复位	操作	描述
7	PADSC	0	R/W	控制 I/O 引脚输出模式下的驱动能力
6:4	—	000	R0	未使用
3	P2ICON	0	R/W	P2_4 到 P2_0 引脚的中断触发方式选择。 0：上升沿触发。1：下降沿触发

续表

位	名称	复位	操作	描述
2	P1ICONH	0	R/W	P1_7 到 P1_4 引脚的中断触发方式选择。 0：上升沿触发。1：下降沿触发
1	P1ICONL	0	R/W	P1_3 到 P1_0 引脚的中断触发方式选择。 0：上升沿触发。1：下降沿触发
0	P0ICONL	0	R/W	P0_7 到 P0_0 引脚的中断触发方式选择。 0：上升沿触发。1：下降沿触发

上升沿触发和下降沿触发都是边沿触发，这两种触发方式只在信号发生跳变时才会引起中断，是常用的外部中断触发方式，适用于突发信号检测，如按键检测。

4．中断标志位相关的寄存器

当中断发生时，不管该中断使能或禁止，CPU 都会在中断标志寄存器中设置中断标志位，即将相关寄存器的相关位的值设置为 1。TCON 寄存器、IRCON 寄存器、IRCON2 寄存器用来存放中断标志位，分别如表 3-14 ~ 表 3-16 所示。

表 3-14　TCON 寄存器

位	名称	复位	操作	描述
7	URX1IF	0	R/WH0	USART1 RX 中断标志位。当 USART1 RX 中断发生时，标志位设为 1；当 CPU 指向中断服务函数时，清除标志位。 0：无中断未决。1：中断未决
6	—	0	R0	未使用
5	ADCIF	0	R/WH0	ADC 中断标志位。当 ADC 中断发生时，标志位设为 1；当 CPU 指向中断服务函数时，清除标志位。 0：无中断未决。1：中断未决
4	—	0	R0	未使用
3	URX0IF	0	R/WH0	USART0 RX 中断标志位。当 USART0 RX 中断发生时，标志位设为 1；当 CPU 指向中断服务函数时，清除标志位。 0：无中断未决。1：中断未决
2	IT1	1	R/W	保留，必须一直设为 1。设置为 0 将使能低级别中断探测（启动中断请求时执行一次）
1	RFERRIF	0	R/WH0	RF TX/RX FIFO 中断标志位。当 RFERR 中断发生时，标志位设为 1，当 CPU 指向中断服务函数时，清除标志位。 0：无中断未决。1：中断未决
0	IT0	1	R/W	保留，必须一直设为 1。设置为 0 将使能低级别中断探测（启动中断请求时执行一次）

表 3-15　IRCON 寄存器

位	名称	复位	操作	描述
7	STIF	0	R/W	睡眠定时器中断标志位。 0：无中断未决。1：中断未决
6	—	0	R/W	必须设为 0。设为 1 总是使能中断
5	P0IF	0	R/W	P0 端口中断标志位。 0：无中断未决。1：中断未决

续表

位	名称	复位	操作	描述
4	T4IF	0	R/WH0	T4 中断标志位。当 T4 中断发生时，标志位设为 1；当 CPU 指向中断服务函数时，清除标志位。 0：无中断未决。1：中断未决
3	T3IF	0	R/WH0	T3 中断标志位。当 T3 中断发生时，标志位设为 1；当 CPU 指向中断服务函数时，清除标志位。 0：无中断未决。1：中断未决
2	T2IF	0	R/WH0	T2 中断标志位。当 T2 中断发生时，标志位设为 1；当 CPU 指向中断服务函数时，清除标志位。 0：无中断未决。1：中断未决
1	T1IF	0	R/WH0	T1 中断标志位。当 T1 中断发生时，标志位设为 1；当 CPU 指向中断服务函数时，清除标志位。 0：无中断未决。1：中断未决
0	DMAIF	0	R/W	DMA 完成中断标志位。 0：无中断未决。1：中断未决

表 3-16　IRCON2 寄存器

位	名称	复位	操作	描述
7:5	—	000	R/W	未使用
4	WDTIF	0	R/W	看门狗定时器中断标志位。 0：无中断未决。1：中断未决
3	P1IF	0	R/W	P1 端口中断标志位。 0：无中断未决。1：中断未决
2	UTX1IF	0	R/W	USART1 TX 中断标志位。 0：无中断未决。1：中断未决
1	UTX0IF	0	R/W	USART0 TX 中断标志位。 0：无中断未决。1：中断未决
0	P2IF	0	R/W	P2 端口中断标志位。 0：无中断未决。1：中断未决

P0、P1 和 P2 端口分别使用 P0IF、P1IF 和 P2IF 作为外部中断标志位，端口上任何一个 I/O 引脚产生外部中断时，会将该端口的外部中断标志位自动置位，即将该中断标志位值设置为 1。外部中断标志位需要软件复位，因此必须在程序中软件清除外部中断标志位，否则，CPU 将反复进入中断服务函数。

5．PxIFG——Px 端口中断状态标志寄存器

CC2530 单片机有 3 个端口中断状态标志寄存器，即 P0IFG、P1IFG 和 P2IFG，分别用来处理 P0、P1 和 P2 端口各引脚的中断触发状态。当被配置成外部中断的某个 I/O 引脚触发中断请求时，对应标志位会被自动置位。在进行中断处理时可通过判断相应寄存器的值来确定是哪个引脚引起的中断，在中断服务函数中，该标志位需要软件清零。P0IFG 寄存器和 P1IFG 寄存器如表 3-17 所示，P2IFG 寄存器如表 3-18 所示。

表 3-17 PxIFG 寄存器

位	名称	复位	操作	描述
7	PxIF[7]	0	R/W0	Px_7 引脚的中断状态标志位,当输入引脚有未响应的中断请求时,该位置 1。需要软件复位
6	PxIF[6]	0	R/W0	Px_6 引脚的中断状态标志位,当输入引脚有未响应的中断请求时,该位置 1。需要软件复位
5	PxIF[5]	0	R/W0	Px_5 引脚的中断状态标志位,当输入引脚有未响应的中断请求时,该位置 1。需要软件复位
4	PxIF[4]	0	R/W0	Px_4 引脚的中断状态标志位,当输入引脚有未响应的中断请求时,该位置 1。需要软件复位
3	PxIF[3]	0	R/W0	Px_3 引脚的中断状态标志位,当输入引脚有未响应的中断请求时,该位置 1。需要软件复位
2	PxIF[2]	0	R/W0	Px_2 引脚的中断状态标志位,当输入引脚有未响应的中断请求时,该位置 1。需要软件复位
1	PxIF[1]	0	R/W0	Px_1 引脚的中断状态标志位,当输入引脚有未响应的中断请求时,该位置 1。需要软件复位
0	PxIF[0]	0	R/W0	Px_0 引脚的中断状态标志位,当输入引脚有未响应的中断请求时,该位置 1。需要软件复位

表 3-18 P2IFG 寄存器

位	名称	复位	操作	描述
7:6	—	00	R0	未使用
5	DPIF	0	R/W0	USB D+中断标志位
4	P2IF[4]	0	R/W0	P2_4 引脚的中断状态标志位,当输入引脚有未响应的中断请求时,该位置 1。需要软件复位
3	P2IF[3]	0	R/W0	P2_3 引脚的中断状态标志位,当输入引脚有未响应的中断请求时,该位置 1。需要软件复位
2	P2IF[2]	0	R/W0	P2_2 引脚的中断状态标志位,当输入引脚有未响应的中断请求时,该位置 1。需要软件复位
1	P2IF[1]	0	R/W0	P2_1 引脚的中断状态标志位,当输入引脚有未响应的中断请求时,该位置 1。需要软件复位
0	P2IF[0]	0	R/W0	P2_0 引脚的中断状态标志位,当输入引脚有未响应的中断请求时,该位置 1。需要软件复位

6. 使用端口引脚产生外部中断的操作步骤

使用端口的某个引脚产生外部中断,一般的操作步骤如下:

(1)使能端口的中断控制位;

(2)使能端口某个或某几个引脚的中断控制位;

(3)设置该引脚的外部中断触发方式;

(4)设置中断源优先级(如果不需要,该步骤可以省略);

(5)使能中断系统控制位。

任务分析

3.2.4　分析流程图

使用 SW1 按键作为外部中断输入来控制流水灯的启停。CC2530 开发板上电后，D4、D3 两个 LED 工作思路及相关步骤如下。

（1）CC2530 开发板上电后，设置 D4 和 D3，且熄灭 D4、D3。

（2）延时一段时间后，点亮 D4。

（3）延时一段时间后，点亮 D3，此时 D4 和 D3 都处于点亮状态。

（4）延时一段时间后，熄灭 D4、D3。

（5）返回步骤（2）循环执行。

（6）在任何时间，当按下 SW1 按键后，流水灯如果在运行状态，则暂停；在暂停状态，则继续运行。SW1 按键控制流水灯运行、暂停流程图如图 3-8 所示。

微课

3.2.6　任务分析

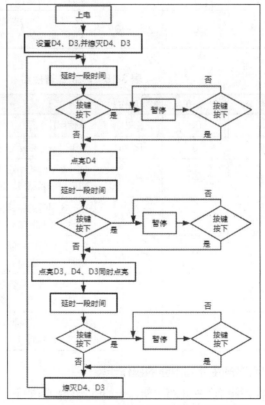

图 3-8　SW1 按键控制流水灯运行、暂停流程图

3.2.5　分析电路图

本任务电路图与任务 3.1 的相同，具体如图 3-4 所示。

任务实现

本任务的实施中，采用中断的方式处理按键事件，正确判断出按键事件后，如何切换流水灯运行或暂停的状态是难点。

3.2.6 创建工程

打开 IAR 软件，在 ws3 下创建工程 Project2，新建 code2.c 文件并添加到工程 Project2 中。参考项目 1 工程的配置方式，对本工程的 3 个位置进行配置。

3.2.7 编写基础代码

参考任务 3.1 的代码，依次完成导入头文件，宏定义，延时函数，设置 P1_0、P1_1 引脚，熄灭 D3 和 D4 等相关代码的编写。

相关代码如下。

```
1. #include "ioCC2530.h"
2.
3. #define D4 P1_1
4. #define D3 P1_0
5.
6. char pause = 0;
7.
8. void delay(unsigned int time){
9.    unsigned int i;
10.   unsigned int j;
11.
12.   for(i = 0;i < time;i++)
13.   {
14.    for(j = 0;j < 720;j++)
15.    {
16.      asm("NOP");
17.    }
18.   }
19.}
20.
21.void main()
22.{
23.  P1SEL &=~ 0x03;       //设置 P1_0、P1_1 引脚为通用 I/O 引脚
24.  P1DIR |= 0x03;        //设置 P1_0、P1_1 引脚为输出方向
25.  D4 = 0;              //熄灭 D4
26.  D3 = 0;              //熄灭 D3
27.}
```

3.2.8 初始化 P1_2 引脚的外部中断

要使用 P1_2 引脚的外部中断，需要使能 P1 端口中断、使能 P1_2 引脚中断、设置 P1_2 引脚的中断触发方式、使能中断系统控制位。

1. 使能 P1 端口中断

本任务使用的 SW1 按键连接在 P1_2 引脚。要使能 P1 端口中断，则需要将 IEN2 寄存器中的 P1IE 置位，代码如下。

```
1. IEN2 |= 0x10;              //使能 P1 端口中断
```

2. 使能 P1_2 引脚中断

要使能 P1_2 引脚中断，需将 P1IEN 寄存器的第 2 位置位，代码如下。

```
1. P1IEN |= 0x04;             //使能 P1_2 引脚中断
```

3. 设置 P1_2 引脚的中断触发方式

本任务要求按键被按下一次后暂停或继续实现流水灯效果，SW1 在按下过程中，电信号产生下降沿跳变；在松开过程中，电信号产生上升沿跳变。由于要求流水灯保持按键被按下时的状态，故应选择将 P1_2 引脚设置为下降沿触发方式，代码如下。

```
1. PICTL |= 0x02;             //P1_3 到 P1_0 引脚下降沿触发中断
```

4. 使能中断系统控制位

IEN0 寄存器可以进行位寻址，因此要使能中断系统控制位，可以直接采用如下代码。

```
1. EA = 1;                    //使能中断系统控制位
```

3.2.9 编写 main 函数

将 P1_2 引脚的中断初始化代码放置在 main 函数中，main 函数的实现如下。

```
1. void main(void)
2. {
3.     P1SEL &=~ 0x03;             //设置 P1_0 和 P1_1 引脚为通用 I/O 引脚
4.     P1DIR |= 0x03;             //设置 P1_0 和 P1_1 引脚为输出方向
5.
6.     D4 = 0;                    //熄灭 D4
7.     D3 = 0;                    //熄灭 D3
8.
9.     /*************新增外部中断初始化部分****************/
10.    IEN2 |= 0x10;              //使能 P1 端口中断
11.    P1IEN |= 0x04;             //使能 P1_2 引脚中断
12.    PICTL |= 0x02;             //P1_3 到 P1_0 引脚下降沿触发中断
13.    EA = 1;                    //使能中断系统控制位
14.    /*************************************************/
15.
```

```
16.    while(1)//程序主循环
17.    {
18.        delay(1000);        //延时
19.        D4 = 1;             //点亮 D4
20.        delay(1000);        //延时
21.        D3 = 1;             //点亮 D3
22.        delay(1000);        //延时
23.        D4 = 0;             //熄灭 D4
24.        D3 = 0;             //熄灭 D3
25.    }
26.}
```

3.2.10 编写中断服务函数

在中断服务函数中，需要识别中断是否由 P1_2 引脚触发。如果是，需要改变标志位，且需要清除相应的中断标志位。

1. 识别触发外部中断的引脚

在本任务中，当 SW1 被按下后，P1IF 的值会变成 1，此时 CPU 将调用 P1 端口中断服务函数。同时，由于是 P1_2 引脚产生中断，故 P1IFG 寄存器的第 2 位置位。可以在 P1 端口中断服务函数中判断 P1IFG 寄存器的第 2 位值是否置位，进而判断是否是 P1_2 引脚触发了中断。

```
1. #pragma vector = P1INT_VECTOR
2. __interrupt void p1_fuc()
3. {
4.   if(P1IFG & 0x04)              //如果 P1_2 引脚中断标志位置位
5.   {
6.      /**此处填写按键功能代码**/
7.   }
8. }
```

另外，需要在代码中清除 P1 端口中断标志位和 P1_2 引脚中断标志位。清除 P1 端口中断标志位的实现代码如下。

```
1. P1IF = 0;                      //清除 P1 端口中断标志位
```

清除 P1_2 引脚上的中断标志位的实现代码如下。

```
1. P1IFG &=~ 0x04;                //清除 P1_2 引脚中断标志位
```

2. 实现流水灯启停功能

根据任务要求，为实现流水灯的启动与暂停状态切换的效果，可以在程序中定义一个全局变量作为流水灯启动与暂停的标志位，代码如下。

```
1. char  pause = 0;               //流水灯运行标志，0 表示运行，1 表示暂停
```

将此标志位放到延时函数 delay 中，使用 while(pause); 语句判断 pause 的值，当其为 1 时，while 语句会循环执行，即 CPU "卡" 在该位置，不能执行后面的代码，从而实现流水灯被暂停的

效果。修改后的延时函数代码如下。

```
1.  void delay(unsigned int time){
2.      unsigned int i;
3.      unsigned int j;
4.
5.      for(i = 0;i < time;i++)
6.      {
7.        for(j = 0;j < 720;j++)
8.        {
9.          asm("NOP");
10.         while(pause);
11.       }
12.     }
13. }
```

3. 完成完整的中断服务函数

在中断服务函数中，修改 pause 的值即可实现任务的功能。完整的 P1 端口外部中断服务函数代码如下。

```
1.  //P1 中断服务函数
2.  #pragma vector = P1INT_VECTOR
3.  __interrupt void p1_fuc()
4.  {
5.    if(P1IFG & 0x04)        //判断 P1_2 引脚是否触发中断
6.    {
7.      pause = !pause;       //变量 pause 值反转
8.      P1IFG = 0x00;         //清除 P1_2 引脚中断标志位
9.    }
10.   P1IF = 0;              //清除 P1 端口中断标志位
11. }
```

3.2.11　完成任务完整代码

本任务的完整代码如下。

```
1.  #include "ioCC2530.h"
2.
3.  #define D4 P1_1
4.  #define D3 P1_0
5.
6.  char pause = 0;
7.
8.  void delay(unsigned int time){
9.      unsigned int i;
10.     unsigned int j;
11.
12.     for(i = 0;i < time;i++)
13.     {
```

```
14.    for(j = 0;j < 720;j++)
15.    {
16.      asm("NOP");
17.      while(pause);
18.    }
19.  }
20.}
21.
22.void main()
23.{
24.  P1SEL &=~ 0x03;        //设置 P1_0、P1_1 引脚为通用 I/O 引脚
25.  P1DIR |= 0x03;        //设置 P1_0、P1_1 引脚为输出方向
26.  D4 = 0;               //熄灭 D4
27.  D3 = 0;               //熄灭 D3
28.
29.  /*************新增外部中断初始化部分*****************/
30.  IEN2 |= 0x10;         //使能 P1 端口中断
31.  P1IEN |= 0x04;        //使能 P1_2 引脚中断
32.  PICTL |= 0x02;        //P1_3 到 P1_0 引脚下降沿触发中断
33.  EA = 1;               //使能中断系统控制位
34.  /**********************************************/
35.
36.  while(1)
37.  {
38.    delay(1000);
39.    D4 = 1;
40.    delay(1000);
41.    D3 = 1;
42.    delay(1000);
43.    D4 = 0;
44.    D3 = 0;
45.  }
46.}
47.//P1 中断服务函数
48.#pragma vector = P1INT_VECTOR
49.__interrupt void p1_fuc()
50.{
51.  if(P1IFG & 0x04)    //判断 P1_2 引脚是否触发中断
52.  {
53.    pause = !pause;  //变量 pause 值反转
54.    P1IFG = 0x00;    //清除 P1_2 引脚中断标志位
55.  }
56.  P1IF = 0;          //清除 P1 端口中断标志位
57.}
```

3.2.12　烧写可执行文件并查看实验效果

编译并生成可执行文件，将其烧写到 CC2530 单片机上并运行，此时 D4、D3 组成流水灯并运行。按下 SW1，流水灯暂停，再次按下，流水灯继续运行。

微课

3.2.8　实验效果

技能提升

3.2.13　用按键控制流水灯的启动与暂停——中断方式

使用中断方式，用 SW1 按键控制 D4、D3、D6、D5 的流水灯效果，具体要求如下。

（1）CC2530 开发板上电后，D4、D3、D6、D5 组成流水灯并运行。

（2）按下 SW1 按键后，流水灯暂停。

（3）再次按下 SW1 按键后，流水灯继续。反复按下 SW1，流水灯会重复启动或暂停。

完整代码如下。

```
1. #include "ioCC2530.h"
2.
3. #define D4 P1_1
4. #define D3 P1_0
5. #define D6 P1_4
6. #define D5 P1_3
7.
8. char pause = 0;
9.
10.void delay(unsigned int time){
11.   unsigned int i;
12.   unsigned int j;
13.
14.   for(i = 0;i < time;i++)
15.   {
16.     for(j = 0;j < 720;j++)
17.     {
18.       asm("NOP");
19.       while(pause);
20.     }
21.   }
22.}
23.
24.void main()
25.{
26.   P1SEL &=~ 0x1B;
27.   P1DIR |= 0x1B;
28.   D4 = 0;
29.   D3 = 0;
30.   D6 = 0;
31.   D5 = 0;
32.
33.   IEN2 |= 0x10;
34.   P1IEN |= 0x04;
35.   PICTL |= 0x02;
36.   EA = 1;
```

```
37.
38.  while(1)
39.  {
40.    delay(1000);
41.    D4 = 1;
42.    delay(1000);
43.    D3 = 1;
44.    delay(1000);
45.    D6 = 1;
46.    delay(1000);
47.    D5 = 1;
48.    delay(1000);
49.    D3 = 0;
50.    D4 = 0;
51.    D5 = 0;
52.    D6 = 0;
53.  }
54.}
55.#pragma vector = P1INT_VECTOR
56.__interrupt void p1_fuc(void)
57.{
58.  if(P1IFG & 0x04)
59.  {
60.    pause = !pause;
61.    P1IFG = 0x00;
62.  }
63.  P1IF = 0 ;
64.}
```

项目总结

本项目主要介绍的是 CC2530 单片机外部按键事件的处理。在单片机的学习中，按键事件处理是十分重要的。本项目介绍了用 I/O 引脚的查询方式和中断方式来处理按键事件。两种方式各有特点，并能够灵活地用于处理按键事件。在查询方式中，使用软件延时来解决抖动问题。中断也是单片机中非常重要的内容，在后续的项目中经常使用，读者要掌握 I/O 引脚外部中断的使用方式，以及中断服务函数的编写方式。另外，在职业院校技能大赛中，经常考查对按键事件的处理，比如单击、双击、长按等事件，读者可以从网上查阅相关资料，了解 CC2530 是如何识别并区分单击、双击、长按事件的。

课后练习

一、单选题

1. 下面不是单片机中断的优点的是（　　　）。

    A. 实现分时操作　　 B. 实现实时处理　　　 C. 实现异常处理　　 D. 节约电源

2. 中断发生时，CPU 正在执行的是（　　　）。

    A. 主程序　　　　　　B. 中断程序　　　　　　C. 定时/计数器程序　　D. 串口程序

3. CC2530 单片机具有（　　　）个中断源。

    A. 18　　　　　　　　B. 6　　　　　　　　　C. 3　　　　　　　　　D. 259

4. CC2530 单片机将中断划分成（　　　）个组。

    A. 1　　　　　　　　B. 3　　　　　　　　　C. 6　　　　　　　　　D. 9

5. P0 端口的中断标志位是（　　　）。

    A. P0IF　　　　　　　B. P0IE　　　　　　　C. EA　　　　　　　　D. P1IF

6. CC2530 单片机中断服务函数的关键字是（　　　）。

    A. main　　　　　　　B. interrupt　　　　　　C. void　　　　　　　D. return

7. CC2530 单片机 P0 端口的中断标志位是（　　　），（　　　）自动清零。

    A. P0IF，不能　　　　B. P0IF，能　　　　　　C. P0IFG，不能　　　D. P0IFG，能

8. CC2530 单片机的中断系统控制位是（　　　）位，在（　　　）寄存器中。

    A. EA，IEN0　　　　　B. EA，IEN1　　　　　C. EA，IEN2　　　　　D. WDTIE，IEN0

9. CC2530 单片机的中断优先级有（　　　）个级别。

    A. 1　　　　　　　　B. 2　　　　　　　　　C. 3　　　　　　　　　D. 4

10. CPU 执行中断服务函数时，通过（　　　）去寻找该程序。

    A. 断点　　　　　　　B. 中断标志位　　　　　C. 中断开关　　　　　D. 中断向量

11. 不同中断优先级组设置成相同优先级，则组号小的优先级（　　　）；同一组中，左侧中断优先级（　　　）。

    A. 低，低　　　　　　B. 高，低　　　　　　C. 高，高　　　　　　D. 低，高

12. CC2530 单片机响应中断请求后，CPU 跳转到（　　　）执行程序。

    A. main 函数开始　　B. 自定义函数　　　　C. 中断源　　　　　　D. 中断向量地址

二、简答题

1. 什么是中断？

2. 如何设置 P1_2 引脚上升沿触发中断？

3. 写出中断服务函数的基本格式。

4. 写出判断按键 SW1 被长按的代码。

项目4
简易交通灯的实现

04

项目目标

学习目标

1. 理解定时/计数器的概念、工作原理；
2. 了解 CC2530 单片机定时/计数器的组成；
3. 理解并掌握定时/计数器的自由运行模式、正计数/倒计数模式和模模式的区别及使用方法；
4. 理解 16 位定时/计数器 1 和 8 位定时/计数器 4 的不同；
5. 掌握定时/计数器的中断服务函数的实现方式；
6. 理解并掌握定时/计数器 1 的模模式的使用方法；
7. 了解输入捕获和输出比较的概念；
8. 理解并掌握 8 位定时/计数器 4 的使用方法。

素养目标

1. 培养学生的辩证思维；
2. 培养学生的团队协作能力。

任务 4.1 简易交通灯实现——正计数/倒计数模式

任务目标

1. 理解定时/计数器的概念、工作原理；
2. 了解 CC2530 单片机定时/计数器的组成；
3. 理解并掌握定时/计数器 1 的自由运行模式、正计数/倒计数模式和模模式的区别；
4. 掌握定时/计数器 1 的中断服务函数的实现方式；
5. 掌握定时/计数器 1 的正计数/倒计数模式的使用方法。

任务要求

使用 CC2530 开发板的 D4、D3 分别模拟交通灯的红灯、绿灯，同一时刻只有一个灯亮，即 D4 亮或 D3 亮，用来表示禁行或者通行，且红灯亮 1s 后，绿

微课

4.1.1 任务要求
和基础知识

灯再亮 1s，依次交替。

知识链接

4.1.1　定时/计数器介绍

在之前的项目代码中，均使用 delay 延时函数来达到延时一段时间的目的。CC2530 单片机执行 delay 函数是通过 CPU 不断地重复执行 asm("NOP")代码实现的，这种延时方式称为软件延时。采用这种方式，CPU 会一直重复执行延时代码，这种延时代码除了可以延时，没有其他意义，并且降低了 CPU 的工作效率。故需要一个其他的模块来帮助 CPU 解决延时问题，以分担 CPU 的工作，使 CPU 可以执行其他任务，提高 CPU 的工作效率。定时/计数器就是用来为 CPU 分担工作，实现定时、计数功能的外设。使用定时/计数器进行延时称为硬件延时。

1. 定时/计数器的概念

定时/计数器是一种能够对单片机内部的时钟信号或外部的输入信号进行计数，当计数值达到设定要求时便向 CPU 提出中断请求，从而实现定时或计数功能的外设。定时/计数器也可以称为定时计数器，简称定时器或计数器，一般用 Timer 或 T 表示。

CC2530 单片机中包含 5 个定时/计数器，分别是定时/计数器 1、定时/计数器 2、定时/计数器 3、定时/计数器 4 和睡眠定时器。定时/计数器 1 也称为定时器 1 或者 T1。同理，定时/计数器 2、定时/计数器 3、定时/计数器 4 分别称为定时器 2、定时器 3、定时器 4，或者 T2、T3、T4。

2. 定时/计数器的基本工作原理

定时/计数器的核心是计数器，可以进行加 1（或减 1）计数，每出现一个计数信号，计数器就自动加 1（或自动减 1），当计数值从 0 变成最大值（或从最大值变成 0）时溢出，定时/计数器便向 CPU 发出中断请求。

计数信号可选择周期性的内部时钟信号，也可以选择非周期性的外部输入信号。一个典型 CC2530 单片机的 16 位加 1 定时/计数器使用定时功能的工作过程如图 4-1 所示。

当定时/计数器作为定时器使用时，计数信号的来源是内部时钟信号，计数信号的周期是计数周期。这个计数周期该如何计算呢？

CC2530 单片机在上电后，默认使用频率为 16MHz 的内部 RC 振荡器。当然 CC2530 单片机也可以使用外接的晶振，一般是频率为 32MHz 的晶振。振荡器的工作频率即振荡频率，是与计数周期密切相关的。振荡频率的倒数就是振荡周期，一般情况下，振荡周期乘以分频系数就是计数周期。计数周期的计算公式如式（4-1）所示。

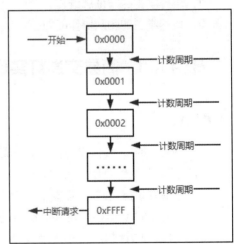

图 4-1　使用定时功能的工作过程

$$T_{计数} = \frac{1}{f_{振荡}} \times N \tag{4-1}$$

需要注意以下 3 点。

（1）*N* 为分频系数，对于 T1 来讲，分频系数 *N* 的取值可以为 1、8、32、128。

（2）$f_{振荡}$ 取值为 16MHz 或者 32MHz。

（3）为方便初学者理解，这里计数周期的计算公式中直接使用振荡频率进行计算。实际应该使用单片机的定时器标记输出频率。具体见任务 4.3 中"技能提升"部分。

3. 定时/计数器的功能

定时/计数器的基本功能是定时功能和计数功能。

（1）定时功能

定时功能是指每隔一个计数周期，定时/计数器的计数值加 1（或减 1），当计数值达到指定值时，说明定时时间已到。这是定时/计数器的常用功能，可用来实现延时或定时控制。

（2）计数功能

计数功能是指对任意时间间隔的输入信号的个数进行计数。计数功能一般用来对外部事件进行计数，其输入信号一般来自 CC2530 单片机外部开关型传感器。计数功能可用于生产线产品计数、信号数量统计和转速测量等方面。

除了这两个基本功能，定时/计数器还有输入捕获功能、输出比较功能、脉冲宽度调制（Pulse Width Modulation，PWM）功能等，这些功能会在相关任务中进行介绍。

4. 定时/计数器与 CPU 的交互关系

在定时/计数器工作前，需要 CPU 对其进行初始化并启动，在定时/计数器工作过程中，不需要 CPU 过多参与。CPU 与定时/计数器之间的交互关系示意图如图 4-2 所示。

在图 4-2 中，左侧表示 CPU 的工作任务，右侧表示定时/计数器的工作任务。从图 4-2 可以看出，CPU 对定时/计数器进行初始化后，定时/计数器就开始工作，进行定时或

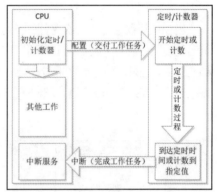

图 4-2　CPU 与定时/计数器之间的
交互关系示意图

者计数。在定时/计数器工作的同时，CPU 会进行其他工作。当到达定时时间或者计数到指定值后，定时/计数器会向 CPU 发出一个中断请求，通知 CPU 定时或者计数任务已经完成，CPU 可以先暂停当前的任务，去执行定时/计数器的中断服务函数，执行完中断服务函数后，CPU 再继续执行之前暂停的任务。

4.1.2　定时/计数器的工作模式

T1 是 CC2530 单片机中功能最全的一个定时/计数器，是 16 位的。T1 是在实际应用中被优先选用的定时器。T3 和 T4 是 8 位的，也较常使用。虽然 T1 和 T3、T4 的计数位数不同，但它们都具备自由运行模式、模模式、正计数/倒计数模式 3 种不同的工作模式。T3 和 T4 还具有单独的倒计数模式。

一般情况下不使用 T2，因此不对其进行详细介绍。

睡眠定时器是一个 24 位正计数定时器，运行在 32kHz 的时钟频率下，支持捕获/比较功能，能够产生中断请求和 DMA 触发。睡眠定时器主要用于设置系统进入和退出低功耗睡眠模式的周期。

本任务中以 T1 为例介绍定时/计数器的 3 种工作模式。

1. 自由运行模式

由于 T1 是 16 位的，因此在自由运行模式下，T1 从 0x0000（0000 0000 0000 0000B）开始，每隔一个计数周期增加 1，当计数值达到 0xffff（1111 1111 1111 1111B）时溢出，T1 重新载入 0x0000 并开始新一轮的递增计数。自由运行模式示意图如图 4-3 所示。

4.1.2 三种工作模式

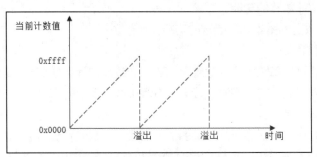

图 4-3　自由运行模式示意图

自由运行模式下，一次完整的计数的次数是固定值 65536。当 T1 达到最终计数值 0xffff 时，系统自动设置标志位 IRCON.T1IF 和 T1STAT.OVFIF。如果系统设置了中断屏蔽位 TIMIF.T1OVFIM 和 IEN1.T1EN，T1 将向 CPU 发出一个溢出中断请求。IRCON、TIMIF 寄存器可以位寻址。IRCON 寄存器、T1STAT 寄存器、TIMIF 寄存器分别如表 4-1、表 4-2、表 4-3 所示。

表 4-1　IRCON 寄存器

位	名称	复位	操作	描述
7	STIF	0	R/W	睡眠定时器中断标志位。 0：无中断未决。1：中断未决
6	—	0	R/W	必须写为 0，写入 1 总是使能中断源
5	P0IF	0	R/W	P0 端口中断标志位。 0：无中断未决。1：中断未决
4	T4IF	0	R/WH0	T4 中断标志位。当 T4 中断发生时置位，当 CPU 指向中断服务函数时清除。 0：无中断未决。1：中断未决
3	T3IF	0	R/WH0	T3 中断标志位。当 T3 中断发生时置位，当 CPU 指向中断服务函数时清除。 0：无中断未决。1：中断未决
2	T2IF	0	R/WH0	T2 中断标志位。当 T2 中断发生时置位，当 CPU 指向中断服务函数时清除。 0：无中断未决。1：中断未决
1	T1IF	0	R/WH0	T1 中断标志位。当 T1 中断发生时置位，当 CPU 指向中断服务函数时清除。 0：无中断未决。1：中断未决
0	DMAIF	0	R/W	DMA 完成中断标志位。 0：无中断未决。1：中断未决

表 4-2　T1STAT 寄存器

位	名称	复位	操作	描述
7:6	—	00	R0	保留
5	OVFIF	0	R/W0	T1 溢出中断标志位。 当 T1 在自由运行模式或模模式下,计数值达到最终计数数值时置位; 在正计数/倒计数模式下,计数值达到 0 时置位。写 1 没有影响
4	CH4IF	0	R/W0	T1 通道 4 中断标志位。 当通道 4 中断条件发生时置位。写 1 没有影响
3	CH3IF	0	R/W0	T1 通道 3 中断标志位。 当通道 3 中断条件发生时置位。写 1 没有影响
2	CH2IF	0	R/W0	T1 通道 2 中断标志位。 当通道 2 中断条件发生时置位。写 1 没有影响
1	CH1IF	0	R/W0	T1 通道 1 中断标志位。 当通道 1 中断条件发生时置位。写 1 没有影响
0	CH0IF	0	R/W0	T1 通道 0 中断标志位。 当通道 0 中断条件发生时置位。写 1 没有影响

表 4-3　TIMIF 寄存器

位	名称	复位	操作	描述
7	—	0	R0	没有使用
6	T1OVFIM	1	R/W	T1 溢出中断屏蔽位。 0:禁止中断。1:使能中断
5	T4CH1IF	0	R/W0	T4 通道 1 中断标志位。 0:无中断未决。1:中断未决
4	T4CH0IF	0	R/W0	T4 通道 0 中断标志位。 0:无中断未决。1:中断未决
3	T4OVFIF	0	R/W0	T4 溢出中断标志位。 0:无中断未决。1:中断未决
2	T3CH1IF	0	R/W0	T4 通道 1 中断标志位。 0:无中断未决。1:中断未决
1	T3CH0IF	0	R/W0	T4 通道 0 中断标志位。 0:无中断未决。1:中断未决
0	T3OVFIF	0	R/W0	T3 溢出中断标志位。 0:无中断未决。1:中断未决

从表 4-1 中可以看出,T1IF、T2IF、T3IF 和 T4IF 这些中断标志位在执行对应的定时/计数器中断服务函数时会自动清除,即将对应位的值设置为 0,不需要在代码中清除。

T1STAT 寄存器的 OVFIF 是溢出中断标志位,设置后,需要在代码中清除。

TIMIF 寄存器的第 6 位即 T1OVFIM,是 T1 溢出中断屏蔽位。该位默认值是 1,即没有屏蔽 T1 的溢出中断,将该值修改为 0 后,屏蔽 T1 的溢出中断。

2. 模模式

模模式示意图如图 4-4 所示。当 T1 运行在模模式时，T1 从 0x0000 开始，每隔一个计数周期增加 1。当 T1 计数值达到 T1CC0 寄存器值时溢出，T1 计数值将复位到 0x0000 并继续递增。在使用模模式时，需要启动 T1 通道 0 的输出比较模式，当计数值达到 T1CC0 寄存器值时，T1 将产生一个输出比较中断。T1CC0 寄存器值由 T1CC0H 和 T1CC0L 寄存器值组成，其中 T1CC0H 寄存器保存的是高 8 位数值，T1CC0L 保存的是低 8 位数值。

如果初始计数值比 T1CC0 寄存器值大，则会计数到 0xffff，且如果设置了中断屏蔽位 TIMIF.T1OVFIM 和 IEN1.T1EN，T1 将产生一个溢出中断请求。之后，T1 会继续从 0x0000 开始计数，当计数值达到 T1CC0 寄存器值时，产生输出比较中断，且计数值将复位到 0x0000 并继续递增。

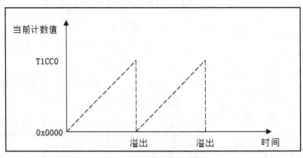

图 4-4　模模式示意图

与自由运行模式相比，模模式的定时时间不是固定值，可自行设定，以便获取不同时长的定时时间。由于 T1 是 16 位定时/计数器，故在模模式下，T1CC0 寄存器值的最大值为 0xffff。

T3 和 T4 的倒计数模式与模模式类似，只不过计数值是从设定值向 0x00 倒序计数。

模模式的使用方法将在任务 4.2 中进行具体介绍。

3. 正计数/倒计数模式

在正计数/倒计数模式下，T1 计数值反复从 0x0000 开始，正计数到 T1CC0 寄存器值，再倒计数回到 0x0000。正计数/倒计数模式示意图如图 4-5 所示。

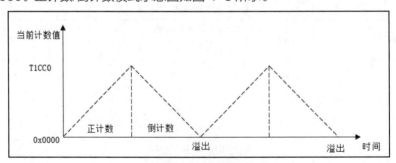

图 4-5　正计数/倒计数模式示意图

在正计数/倒计数模式下，T1 在到达最终计数值时溢出，设置标志位 IRCON.T1IF、T1CTL.OVFIF。如果系统设置了中断屏蔽位 TIMIF.OVFIM 和 IEN1.T1EN，则 T1 会向 CPU 发出中断请求。

4.1.3　T1 的相关寄存器

除了上面介绍的 IRCON、T1STAT、TIMIF 寄存器，与 T1 相关的寄存器还有 T1CTL、T1CCxH、

T1CCxL、T1CNTH、T1CNTL、IEN1。

1. T1CTL——T1 控制寄存器

T1CTL 寄存器可以对 T1 设置分频系数、工作模式。T1CTL 寄存器如表 4-4 所示。

表 4-4   T1CTL 寄存器

位	名称	复位	操作	描述
7:4	—	0000	R0	未使用
3:2	DIV[1:0]	00	R/W	设置 T1 的时钟分频。 00: 1 分频。01: 8 分频。 10: 32 分频。11: 128 分频
1:0	MODE[1:0]	00	R/W	设置 T1 的工作模式。 00: 暂停运行。01: 自由运行模式。 10: 模式。11: 正计数/倒计数模式

从表 4-4 可以看出,要设置 T1 的工作模式,需要设置 T1CTL 寄存器的低两位(MODE[1:0])。当 T1CTL 寄存器低两位值不为 00 时,T1 将被设置成不同的工作模式,且 T1 开始工作。例如,低两位值为 11,则设置成正计数/倒计数模式,且 T1 开始工作。如果要设置 T1 的时钟分频系数,需要设置 T1CTL 寄存器的第 3 位、第 2 位(DIV[1:0]),常用的分频系数有 1、8、32、128,分频系数可以改变计数周期。

T1 是 16 位计数器,最大计数值为 0xffff,即 65535。当使用 16MHz 的 RC 振荡器时,T1 的最长定时的时间为 524.288ms,此时分频系数需要设置为 128。

2. T1CCxH、T1CCxL——T1 通道 x 捕获/比较值高位、低位寄存器

x 取值是 0、1、2、3、4,代表 T1 的 5 个通道。对于每个道通,都有一对通道捕获/比较值高位、低位寄存器。在使用 T1 的模模式、正计数/倒计数模式的时候,计数的设定值存放在寄存器 T1CCxH、T1CCxL 中。其中,T1CCxH 存放高位字节,T1CCxL 存放低位字节。在编程中,应先写低位寄存器 T1CCxL,再写高位寄存器 T1CCxH。两个寄存器的功能描述分别如表 4-5 和表 4-6 所示。

表 4-5   T1CCxH 寄存器

位	名称	复位	操作	描述
7:0	T1CCx[15:8]	0x00	R/W	T1 通道 0 到通道 4 捕获/比较值的高位字节

表 4-6   T1CCxL 寄存器

位	名称	复位	操作	描述
7:0	T1CCx[7:0]	0x00	R/W	T1 通道 0 到通道 4 捕获/比较值的低位字节

3. T1CNTH、T1CNTL——T1 计数高位、低位寄存器

T1CNTH 和 T1CNTL 这两个寄存器用来分别获取当前计数值的高位字节和低位字节。两个寄存器的描述分别如表 4-7 和表 4-8 所示。

表 4-7　T1CNTH 寄存器

位	名称	复位	操作	描述
7:0	CNT[15:8]	0x00	R/W	T1 当前计数值的高位字节。在读 T1CNTL 时，计数器的高位字节缓冲到该寄存器

表 4-8　T1CNTL 寄存器

位	名称	复位	操作	描述
7:0	CNT[7:0]	0x00	R/W	T1 当前计数值的低位字节。向该寄存器写任何值将导致计数器被清零

当读取 T1CNTL 寄存器时，T1 当前计数值的高位字节会被缓存到 T1CNTH 寄存器中，以便从 T1CNTH 中读出高位字节。因此，在程序中应先读取 T1CNTL 寄存器，再读取 T1CNTH 寄存器。

4．IEN1——中断使能寄存器 1

关于 IEN1 寄存器的信息，可以查看项目 3 的表 3-9。IEN1 寄存器可以位寻址，IEN1 寄存器中的 T1IE、T2IE、T3IE 和 T4IE，分别是 CC2530 单片机中的 T1、T2、T3、T4 的中断使能控制位。

除了上述寄存器，还会使用 IEN0 寄存器，关于该寄存器的介绍，可在项目 3 中查看表 3-8。该寄存器中 EA 是中断系统控制位，使用 T1 的中断，必须要设置 EA 值为 1。

5．中断的使用

T1 在以下 3 种情况下能向 CPU 发出中断请求。

（1）定时/计数器达到最终计数值（自由运行模式或模模式下达到 0xffff，正计数/倒计数模式下达到 0x0000），此时产生溢出中断。

（2）输出比较事件。在模模式下使用该事件产生中断请求，此时产生输出比较中断。

（3）输入捕获事件。

对 T1 进行初始化配置，具体步骤如下。

（1）设置 T1 的分频系数。

（2）设置 T1 的最大计数值。

（3）使能 T1 的中断控制位和中断系统控制位。

（4）设置 T1 的工作模式。

微课

4.1.4　中断的使用

任务分析

4.1.4　分析流程图

选用 T1，设置其每隔固定时间产生一次中断请求。在 T1 的中断服务函数中判断定时时间是否到达 1s，如果到达 1s 则直接在中断服务函数中切换 D4、D3 的亮灭状态。D4、D3 周期性地亮灭流程示意图如图 4-6 所示。

本任务的核心内容是对 T1 进行初始化配置和 T1 中断服务函数的编写。

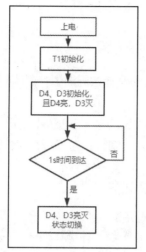

图 4-6　D4、D3 周期性地亮灭流程示意图

4.1.5　分析电路图

本任务涉及 D3、D4 两个 LED 的电路连接,请参考项目 2 任务 2.1 的图 2-7。

4.1.5　任务分析

任务实现

实施本任务,需要完成 D3、D4 的初始化,T1 使用正计数/倒计数模式下的初始化,T1 中断服务函数的编写等步骤。

4.1.6　任务实现

4.1.6　创建工程

在 D:\CC2530 目录下新建文件夹 ws4。打开 IAR 软件,创建本任务的工程,工作区名称另存为 ws4,Project 名称另存为 Project1,在工程中添加名为 code1.c 的代码文件。

参考项目 1 对工程的配置方式,对本工程的 3 个位置进行配置。

4.1.7　初始化 T1

对 T1 进行初始化,需要完成设置 T1 分频系数和最大计数值、使能中断、设置工作模式等操作。

1. 设置 T1 的分频系数

T1 的分频系数可选择 1、8、32 或 128。在本任务中,设置 T1 的分频系数为 128,代码如下。

```
1. T1CTL |= 0x0c;                    //设置 T1 的分频系数为 128
```

由于系统时钟频率默认是 16MHz,分频系数是 128,参考式(4-1)可知,此时 T1 的计数周期 $T_{计数}$ 值为 8×10^{-6}s。

2. 设置 T1 的最大计数值

本任务要求定时时间为 1s,根据 CC2530 单片机时钟源的选择和 T1 的分频系数选择可知,T1 在自由运行模式下,最大定时时间略大于 0.52s。为便于在程序中进行计算,可设置 T1 的定时时间为 0.5s，以此求出最大计数值。

最大计数值的计算过程如下。

（1）$T_{定时}$ = 0.5s。

（2）当 T1 使用正计数/倒计数模式时，在一个计数周期中，正计数时间和倒计数时间相同，故 $T_{正计数}$ = $T_{倒计数}$ = 0.25s。

（3）定时 0.25s，则计数周期的个数是 0.25/$T_{计数}$ = 0.25/($8×10^{-6}$) = 31250。

（4）31250 是十进制数，将其转换为十六进制数，为 0x7a12。即在正计数/倒计数模式下，T1 的最大计数值为 0x7a12。

设置 T1 的最大计数值为 0x7a12，其代码如下。

```
1. T1CC0L = 0x12;              //设置最大计数值的低位字节
2. T1CC0H = 0x7a;              //设置最大计数值的高位字节
```

3. 使能 T1 的中断功能

使用 T1 的中断功能，必须使能各个相关中断控制位。

（1）由于 IEN1 寄存器可以进行位寻址，所以使能 T1 中断的代码如下。

```
1. T1IE = 1;                   //使能 T1 中断
```

（2）除此之外，T1 还有一个溢出中断屏蔽位 T1OVFIM（在寄存器 TIMIF 中）。当该位的值是 1 时，T1 的计数溢出中断被使能。因为该位默认值是 1，所示不需要再次设置。如果要设置，可以使用如下代码。

```
1. T1OVFIM = 1;                //使能 T1 溢出中断
```

（3）最后，使能中断系统控制位 EA，代码如下。

```
1. EA = 1;                     //使能中断系统控制位
```

4. 设置 T1 的工作模式

设置 T1 为正计数/倒计数模式，设置工作模式后，T1 就开始工作，其代码如下。

```
1. T1CTL |= 0x03;              //T1 采用正计数/倒计数模式
```

4.1.8 编写 main 函数

在程序 main 函数中，对 D3、D4、T1 进行初始化，其代码如下。

```
1. void main()
2. {
3.   /***********D3、D4 初始化部分***********/
4.   P1SEL &=~ 0x03;   //设置 P1_0、P1_1 引脚为通用 I/O 引脚
5.   P1DIR |= 0x03;    //设置 P1_0、P1_1 引脚为输出方向
6.   D4 = 1;           //点亮 D4
7.   D3 = 0;           //熄灭 D3
8.   /*******************************************/
9.
```

```
10.    /***********T1 初始化部分***********/
11.    T1CTL |= 0x0c;          //设置分频系数为 128
12.    T1CC0L = 0x12;          //设置最大计数值的低位字节
13.    T1CC0H = 0x7a;          //设置最大计数值的高位字节
14.
15.    T1IE = 1;               //使能 T1 中断
16.    T1OVFIM =1;             //使能 T1 溢出中断
17.    EA = 1;                 //使能中断系统控制位
18.
19.    T1CTL |= 0x03;          //T1 采用正计数/倒计数模式
20.    /*******************************/
21.
22.    while(1)
23.    {
24.    }
25.}
```

4.1.9 编写 T1 中断服务函数

当 T1 开始运行后，到达设定的定时时间时，就会向 CPU 发出中断请求，CPU 执行中断服务函数。在中断服务函数中，要清除 T1 的中断标志位，且对 LED 的亮灭状态是否改变进行判断。

1. 清除 T1 的中断标志位

由 4.1.7 节中对 T1 进行的初始化配置可知，T1 每隔 0.5s 会产生一次中断请求，且系统自动将 T1 的中断标志位 T1IF 和计数溢出标志位 OVFIF 置位。

T1IF 中断标志位在 CC2530 单片机执行 T1 的中断服务函数时会自动清除，不需要在代码中手动清除。

OVFIF 位在 T1STAT 寄存器中，执行 T1 中断服务函数时，也会自动清除，不需要在代码中清除。当然也可以在代码中手动清除，其代码如下。

```
1.  T1STAT &=~ 0x20;        //清除 T1 的溢出中断标志位
```

2. 计算定时时间

T1 的定时周期为 0.5s，无法直接到达 1s 的定时时间，可以通过 T1 多次计数，以累加到 1s。定义变量来统计 T1 计数溢出次数的代码如下。

```
1.  unsigned char count = 0;   //T1 计数溢出次数统计
```

由于采用正计数/倒计数模式，T1 每溢出一次表示经过 0.5s，此时，让 count 值加 1。在后面程序中，判断 count 的值。如果 count 值是 2，则说明定时已到达 1s，需要切换 D3、D4 的状态，且将 count 清零。到达 1s 定时时间后，两个 LED 的状态切换一次，且只亮一个。

3. 编写完整的 T1 中断服务函数

T1 中断服务函数的完整代码如下。

```
1.  #pragma vector = T1_VECTOR
2.  __interrupt void t1_fuc(void)
```

```
3. {
4.    T1STAT &=~ 0x20;    //清除 T1 的溢出中断标志位
5.    count++;            //T1 溢出次数加 1
6.    if(count == 2)      //如果溢出次数到达 2，说明定时到了 1s
7.    {
8.       D4 = !D4;        //切换 D4 亮灭状态
9.       D3 = !D3;        //切换 D3 亮灭状态
10.      count = 0;       //溢出次数清零
11.   }
12.}
```

4.1.10   完成任务完整代码

该任务的完整代码如下。

```
1. #include "ioCC2530.h"
2.
3. //D3、D4 宏定义
4. #define D3 P1_0
5. #define D4 P1_1
6.
7. unsigned char count = 0;
8.
9. void main()
10.{
11.   /***********D3、D4 初始化部分*************/
12.   P1SEL &=~ 0x03;     //设置 P1_0、P1_1 引脚为通用 I/O 引脚
13.   P1DIR |= 0x03;      //设置 P1_0、P1_1 引脚为输出方向
14.   D4 = 1;             //点亮 D4
15.   D3 = 0;             //熄灭 D3
16.   /***********************************/
17.
18.   /***********T1 初始化部分***********/
19.   T1CTL |= 0x0c;      //设置分频系数为 128
20.   T1CC0L = 0x12;      //设置最大计数值的低位字节
21.   T1CC0H = 0x7a;      //设置最大计数值的高位字节
22.
23.   T1IE = 1;           //使能 T1 中断
24.   T1OVFIM = 1;        //使能 T1 溢出中断
25.   EA = 1;             //使能中断系数控制位
26.
27.   T1CTL |= 0x03;      //T1 采用正计数/倒计数模式
28.   /***********************************/
29.
30.   while(1)
31.   {
32.   }
33.}
34.
```

```
35.//T1 中断处理函数
36.#pragma vector = T1_VECTOR
37.__interrupt void t1_fuc(void)
38.{
39.   T1STAT &=~ 0x20;    //清除 T1 的溢出中断标志位
40.   count++;           //T1 溢出次数加 1
41.   if(count == 2)     //如果溢出次数到达 2，说明定时时间到达了 1s
42.   {
43.     D4 = !D4;        //切换 D4 亮灭状态
44.     D3 = !D3;        //切换 D3 亮灭状态
45.     count = 0;       //溢出次数清零
46.   }
47.}
```

微课

4.1.11　烧写可执行文件并查看实验效果

编译并生成可执行文件，将其烧写到 CC2530 单片机上并运行，查看 D3、D4 的亮灭效果。开发板运行之后，D4 点亮、D3 熄灭，之后每隔 1s，D4、D3 的亮灭状态切换一次。

4.1.7　实验效果

技能提升

4.1.12　函数的封装

定时器初始化和 LED 初始化的相关代码可以各自封装成函数，这样程序会更加易读、易维护，即增加程序的强壮性。在本任务中，将定时器的初始化代码和 LED 的初始化代码独立出来，组成新的函数 t1_init 和 led_init。这两个函数在 main 函数中被调用，以完成定时器和 LED 的初始化。新的函数 t1_init 和 led_init 代码如下。

```
1. void t1_init()
2. {
3.    T1CTL |= 0x0c;       //设置分频系数为 128
4.    T1CC0L = 0x12;       //设置最大计数值的低位字节
5.    T1CC0H = 0x7a;       //设置最大计数值的高位字节
6.
7.    EA = 1;              //使能中断系统控制位
8.    T1IE = 1;            //使能 T1 中断
9.    T1OVFIM = 1;         //使能 T1 的溢出中断
10.   T1CTL |= 0x03;       //T1 采用正计数/倒计数模式
11.}
12.
13.void led_init()
14.{
15.   P1SEL &=~ 0x03;      //设置 P1_0 引脚为通用 I/O 引脚
16.   P1DIR |= 0x03;       //设置 P1_0 引脚为输出方向
17.   D4 = 1;              //点亮 D4
18.   D3 = 0;              //熄灭 D3
19.}
```

同时，main 函数的相关代码更改如下。

```
1. void main()
2. {
3.   led_init();//LED 初始化
4.   t1_init(); //T1 初始化
5.
6.   while(1)
7.   {
8.   }
9. }
```

这样，在 main 函数中，通过调用自定义函数 t1_init 和 led_init 即可实现对定时器和 LED 的初始化。

采用封装函数的方式后，该任务的完整代码如下。

```
1. #include "ioCC2530.h"
2.
3. #define D4 P1_1
4. #define D3 P1_0
5.
6. unsigned char count = 0;
7.
8. void t1_init()
9. {
10.   T1CTL |= 0x0c;      //设置分频系数为 128
11.   T1CC0L = 0x12;      //设置最大计数值的低位字节
12.   T1CC0H = 0x7a;      //设置最大计数值的高位字节
13.
14.   EA = 1;            //使能中断系统控制位
15.   T1IE = 1;          //使能 T1 中断
16.   T1OVFIM = 1;       //使能 T1 的溢出中断
17.   T1CTL |= 0x03;     //T1 采用正计数/倒计数模式
18. }
19.
20. void led_init()
21. {
22.   P1SEL &=~ 0x03;    //设置 P1_0 引脚为通用 I/O 引脚
23.   P1DIR |= 0x03;     //设置 P1_0 引脚为输出方向
24.   D4 = 1;            //点亮 D4
25.   D3 = 0;            //熄灭 D3
26. }
27.
28. void main()
29. {
30.   led_init();        //LED 初始化
31.   t1_init();         //T1 初始化
32.
33.   while(1)
34.   {
```

```
35.  }
36.}
37.#pragma vector = T1_VECTOR
38.__interrupt void t1_fuc(void)
39.{
40.  T1STAT &=~ 0x20;      //清除 T1 的溢出中断标志位
41.  count++;             //T1 溢出次数加 1
42.  if(count == 2)       //溢出次数到达 2 就说明定时时间到达了 1s
43.  {
44.    D4 = !D4;          //D4 切换亮灭状态
45.    D3 = !D3;          //D3 切换亮灭状态
46.    count = 0;         //溢出次数清零
47.  }
48.}
```

任务 4.2　简易交通灯实现——模模式

任务目标

1. 理解并掌握 T1 的模模式的使用方法；
2. 了解输入捕获事件和输出比较事件的概念。

任务要求

采用 T1 的模模式来实现任务 4.1 的实验效果。

知识链接

4.2.1　模模式介绍

在任务 4.1 中了解到定时/计数器有 3 种情况能产生中断请求：定时/计数器达到最终计数值、输入捕获事件、输出比较事件。

所谓输入捕获，即单片机的通道对输入信号的上升沿、下降沿或者双边沿进行捕获，通常用于测量输入信号的脉冲宽度或者频率。

微课

4.2.1　任务要求和
模模式基础知识

所谓输出比较，即单片机设定一个比较值，当单片机的当前计数值与该值相同时，产生中断或者改变 I/O 引脚的输出电平。

T1 使用模模式的时候，一般不产生溢出中断。和自由运行模式、正计数/倒计数模式不同，它必须设置通道 0 的输出比较模式。如果没有设置通道 0 的输出比较模式，T1 计数值达到设定值（T1CC0 寄存器值）后，不会产生中断，且中断标志位也不会置位。设置通道 0 的输出比较模式后，要使能 T1 的中断控制位 T1IE 和中断系统控制位 EA，当计数值达到 T1CC0 寄存器值时，可以设置通道 0 的中断标志位和 T1 中断标志位，且产生输出比较中断。如果没有使能 T1IE 或者 EA，计数值达到 T1CC0 寄存器值时，可以设置通道 0 的中断标志位和 T1 中断标志位，但不能产生输出比较中断。

T1 在模式下产生输出比较中断时，应设置通道 0 的中断标志位，而非 T1 的溢出中断标志位，故在中断服务函数中，需要清除通道 0 的中断标志位，而不需要清除 T1 的溢出中断标志位。T3、T4 的模模式中断也是如此。

微课
4.2.2 T1CCTL0
寄存器介绍

4.2.2 模模式相关寄存器

与 T1 模模式相关的寄存器，除了任务 4.1 介绍的 T1CTL、T1CCxH、T1CCxL、T1CNTH、T1CNTL 寄存器，还有 T1CCTL0 寄存器，即 T1 通道 0 捕获/控制寄存器。T1CCTL0 寄存器描述如表 4-9 所示。

表 4-9 T1CCTL0 寄存器

位	名称	复位	操作	描述
7	RFIFO	0	R/W	设置时使用 RF 中断捕获，而不是常规输入捕获
6	IM	1	R/W	通道 0 中断屏蔽，设置时使能中断请求
5:3	CMP[2:0]	000	R/W	通道 0 输出比较模式选择。当 T1 当前计数值等于 T1CC0 寄存器值时，选择操作输出。 000：比较设置输出。 001：比较清除输出。 010：比较切换输出。 011：向上比较设置输出，在 0 清除。 100：向上比较清除输出，在 0 设置。 101：没有使用。 110：没有使用。 111：初始化输出引脚。CMP[2:0]不变
2	MODE	0	R/W	模式。设置 T1 通道 0 为输入捕获模式或输出比较模式。 0：输入捕获模式。1：输出比较模式
1:0	CAP[1:0]	00	R/W	通道 0 输入捕获模式选择。 00：未捕获。 01：上升沿捕获。 10：下降沿捕获。 11：所有沿捕获。

在本任务中，需要使用通道 0 的输出比较模式，故需要设置该寄存器的第 2 位（MODE）值为 1。

任务分析

4.2.3 分析流程图

本任务的流程图与任务 4.1 的任务流程图相同，具体如图 4-6 所示。

4.2.4 分析电路图

本任务的电路图与任务 4.1 的电路图相同，请参考项目 2 任务 2.1 的图 2-7。

任务实现

实施本任务需要完成 D3 和 D4 的初始化、T1 使用模模式下的初始化、T1 中断服务函数的编写等步骤。

微课

4.2.3 任务实现

4.2.5 创建工程

打开 IAR 软件，在 ws4 下新建工程 Project2，新建 code2.c 文件并将其添加到工程 Project2 中。参考项目 1 对工程的配置方式，对本工程的 3 个位置进行配置。

4.2.6 设置通道 0 的输出比较模式

设置 T1 为模模式，设置通道 0 为输出比较模式，其代码如下。

```
1. T1CTL  |= 0x02;              //设置 T1 为模模式
2. T1CCTL0 |= 0x04;             //设置通道 0 为输出比较模式
```

4.2.7 开启相关中断开关

使能 T1 的中断，且禁止 T1 产生溢出中断，相关代码如下。

```
1. T1IE = 1;                    //使能 T1 的中断
2. TIMIF &=~ 0x40;              //禁止 T1 产生溢出中断
3. EA = 1;                      //使能中断系统控制位
```

4.2.8 编写 T1 初始化函数

T1 工作在模模式下，初始化代码如下。

```
1. void t1_init()
2. {
3.    T1CTL  |= 0x0c;
4.    T1CC0L = 0x12;
5.    T1CC0H = 0x7a;
6.    T1CTL  |= 0x02;           //设置 T1 为模模式
7.    T1CCTL0 |= 0x04;          //设置通道 0 为输出比较模式
8.    T1IE = 1;                 //使能 T1 的中断
9.    TIMIF &=~ 0x40;           //禁止 T1 产生溢出中断
10.   EA = 1;                   //使能中断系统控制位
11.}
```

4.2.9 编写中断服务函数

在中断服务函数中，需要清除通道 0 的中断标志位，而不是 T1 的中断标志位，其代码如下。

```
1. T1STAT &=~ 0x01;        //清除 T1 通道 0 的中断标志位
```

完整的中断服务函数代码如下。

```
1.  #pragma vector = T1_VECTOR
2.  __interrupt void t1_fuc()
3.  {
4.    T1STAT &=~ 0x01;        //清除 T1 通道 0 的中断标志位
5.    count++;
6.    if(count == 4)
7.    {
8.      D3 = !D3;             //切换 D3 亮灭状态
9.      D4 = !D4;             //切换 D4 亮灭状态
10.     count = 0;
11.   }
12.}
```

4.2.10　完成任务完整代码

D3、D4 初始化的代码可以参考任务 4.1 的代码进行补充。本任务的完整代码如下。

```
1.  #include "ioCC2530.h"
2.  #define D3 P1_0
3.  #define D4 P1_1
4.
5.  unsigned char count=0;
6.
7.
8.  //D3、D4 初始化
9.  void led_init()
10. {
11.   P1SEL &=~ 0x03;
12.   P1DIR |= 0x03;
13.   D3 = 1;
14.   D4 = 0;
15. }
16. //设置 T1 为模模式
17. void t1_init()
18. {
19.   T1CTL |= 0x0c;
20.   T1CC0L = 0x12;
21.   T1CC0H = 0x7a;
22.   T1CTL |= 0x02;          //设置 T1 为模模式
23.   T1CCTL0 |= 0x04;        //设置通道 0 为输出比较模式
24.   T1IE = 1;               //使能 T1 的中断
25.   TIMIF &=~ 0x40;         //禁止 T1 产生溢出中断
26.   EA = 1;                 //使能中断系统控制位
27. }
28.
29. void main()
```

```
30.{
31.  led_init();
32.  t1_init();
33.  while(1)
34.  {
35.  }
36.}
37.
38.#pragma vector = T1_VECTOR
39.__interrupt void t1_fuc()
40.{
41.  T1STAT &=~ 0x01;      //清除 T1 通道 0 的中断标志位
42.  count++;
43.  if(count == 4)
44.  {
45.    D3 = !D3;            //切换 D3 亮灭状态
46.    D4 = !D4;            //切换 D4 亮灭状态
47.    count = 0;
48.  }
49.}
```

4.2.11　烧写可执行文件并查看实验效果

编译程序，生成可执行文件并烧写，查看 CC2530 开发板的运行效果。本任务中，CC2530 开发板的运行效果与任务 4.1 的完全相同。

微课

4.2.4　实验效果

技能提升

4.2.12　改变交通灯时间

在日常生活中，交通灯中红绿灯亮的时间往往是不同的。例如，红灯亮的时间可能短一些，绿灯亮的时间可能长一些。利用 T1 的模模式，让 D4（红灯）亮 0.3s，此时 D3（绿灯）熄灭，之后 D4 熄灭，D3 亮 0.6s。

为实现该目标，需要设定 T1 的定时时间为 0.3s。在模模式下，设定计数值为 0x927c，相关寄存器设置代码如下。

```
1. T1CC0L = 0x7c;
2. T1CC0H = 0x92;
```

D4、D3 的亮灭在中断服务函数中实现，相关代码如下。

```
1. #pragma vector = T1_VECTOR
2. __interrupt void t1_fuc()
3. {
4.   T1STAT &=~ 0x01;     //清除 T1 通道 0 的中断标志位
5.   count++;
6.   if(count == 1)       //D4 亮 0.3s
```

```
7.    {
8.      D3 = !D3;          //切换 D3 亮灭状态
9.      D4 = !D4;          //切换 D4 亮灭状态
10.   }
11.   if(count == 3)     //D3 亮 0.6s
12.   {
13.     D3 = !D3;        //切换 D3 亮灭状态
14.     D4 = !D4;        //切换 D4 亮灭状态
15.     count = 0;       //count 清零
16.   }
17.}
```

完整代码如下。

```
1. #include "ioCC2530.h"
2. #define D3 P1_0
3. #define D4 P1_1
4.
5. unsigned char count=0;
6.
7. //D3、D4 初始化
8. void led_init()
9. {
10.   P1SEL &=~ 0x03;
11.   P1DIR |= 0x03;
12.   D3 = 0;
13.   D4 = 1;
14.}
15.//设置 T1 为模模式
16.void t1_init()
17.{
18.   T1CTL |= 0x0c;
19.   T1CC0L = 0x7c;
20.   T1CC0H = 0x92;
21.   T1CTL |= 0x02;       //设置 T1 为模模式
22.   T1CCTL0 |= 0x04;     //设置通道 0 为输出比较模式
23.   T1IE = 1;            //使能 T1 的中断
24.   TIMIF &=~ 0x40;      //禁止 T1 产生溢出中断
25.   EA = 1;              //使能中断系统控制位
26.}
27.
28.void main()
29.{
30.   led_init();
31.   t1_init();
32.   while(1)
33.   {
34.   }
35.}
36.
37.#pragma vector = T1_VECTOR
38.__interrupt void t1_fuc()
```

```
39.{
40.    T1STAT &=~ 0x01;    //清除 T1 通道 0 的中断标志位
41.    count++;
42.    if(count == 1)      //D4 点亮 0.3s
43.    {
44.      D3 = !D3;         //切换 D3 亮灭状态
45.      D4 = !D4;         //切换 D4 亮灭状态
46.    }
47.    if(count == 3)      //D3 点亮 0.6s
48.    {
49.      D3 = !D3;         //切换 D3 亮灭状态
50.      D4 = !D4;         //切换 D4 亮灭状态
51.      count = 0;        //count 清零
52.    }
53.}
```

任务 4.3 简易交通灯实现——T4 实现

任务目标

理解并掌握 8 位定时/计数器 T4 的使用方式。

任务要求

将任务 4.1 使用 T4 重新实现。

知识链接

微课

4.3.1 任务要求
和 T4 介绍

4.3.1 T4 的工作模式

T4 是 8 位的，T1 是 16 位的，在使用过程中，T4 的使用方式与 T1 相似。但是，T1 在设置工作模式后立即开始工作，而 T4 在设置工作模式后，需要再设置其他启动位才能进行工作。

设置 T4 的工作模式需要使用 T4CTL 寄存器，同理，设置 T3 的工作模式需要使用 T3CTL 寄存器。T4CTL 寄存器描述如表 4-10 所示。

微课

4.3.2 T4CTL 寄
存器介绍

表 4-10 T4CTL 寄存器

位	名称	复位	操作	描述
7:5	DIV[2:0]	000	R/W	设置分频系数。 000：1 分频。 001：2 分频。 010：4 分频。 011：8 分频。 100：16 分频。101：32 分频。 110：64 分频。111：128 分频
4	START	0	R/W	启动定时器。 0：T4 暂停运行。1：T4 正常运行

续表

位	名称	复位	操作	描述
3	OVFIM	1	R/W0	屏蔽 T4 的溢出中断。 0: 中断禁止。1: 中断使能
2	CLR	0	R0/W1	清除计数器，写 1 到 CLR 复位计数器到 0x00，并初始化相关通道 所有的输出引脚
1:0	MODE[1:0]	00	R/W	T4 的工作模式选择。 00: 自由运行模式。01: 倒计数模式。 10: 模模式。　　　11: 正计数/倒计数模式

　　设置 T4 的工作模式，需要设置该寄存器的最低两位（MODE[1:0]），设置分频系数需要设置该寄存器最高三位（DIV[2:0]）。设置了分频系数、工作模式后，还需要设置该寄存器的第 4 位（即 START 位）才能启动 T4。

　　T4 是 8 位的，在自由运行模式下，计数值可以从 0 到 0xff，经过 256 个计数周期，在 128 分频下，一次定时的时间为 2.048ms。

　　T3CTL 寄存器的各位与 T4CTL 寄存器的对应位功能相似，这里不再赘述。

任务分析

4.3.2　分析流程图

本任务的流程图与任务 4.1 的流程图相同，具体如图 4-6 所示。

4.3.3　分析电路图

微课

4.3.3　任务实现

　　本任务涉及 D3、D4 两个 LED 的电路连接，请参考项目 2 任务 2.1 的图 2-7。

任务实现

　　实现本任务需要完成 D3 和 D4 的初始化、T4 初始化及 T4 中断服务函数的编写。

4.3.4　创建工程

打开 IAR 软件，在 ws4 下新建工程 Project3，新建 code3.c 文件并添加到工程 Project3 中。参考项目 1 对工程的配置方式，对本工程的 3 个位置进行配置。

4.3.5　设置计数模式和计数值

本任务设置 T4 为正计数/倒计数模式，定时/计数器从 0x00 开始，正计数到 T4CC0 保存的最大计数值，再倒计时回 0x00。在本任务中，每次定时时间为 2ms，重复定时 500 次，即可达到 1s，故需要设置 T4CC0 寄存器的值为 0x7d，其代码如下。

```
1. T4CTL |= 0xe0;      //设置分频系数为128
2. T4CTL |= 0x03;      //设置正计数/倒计数模式
3. T4CC0 = 0x7d;       //设置通道 0 的最大计数值
```

4.3.6 启动 T4

在使用方式上，T4 与 T1 还有一点不同，即启动 T4 需要设置 T4CTL 的 START 位，否则不能启动。其代码如下。

```
1. T4CTL |= 0x10;      //启动 T4
```

T4 初始化的完整代码如下。

```
1. void t4_init(){
2.    T4CTL |= 0xe0;  //设置分频系数为128
3.    T4CTL |= 0x03;  //设置正计数/倒计数模式
4.    T4CC0 = 0x7d;   //设置通道 0 的最大计数值
5.    T4CTL |= 0x10;  //启动 T4
6.    T4CTL |= 0x08;  //使能 T4 的溢出中断
7.    T4IE = 1;       //使能 T4 中断
8.    EA = 1;         //使能中断系统控制位
9. }
```

4.3.7 完成任务完整代码

本任务的完整代码如下。

```
1. #include "ioCC2530.h"
2. #define D3 P1_0
3. #define D4 P1_1
4. unsigned int t4_count = 0;
5.
6. void t4_init(){
7.    T4CTL |= 0xe0;  //设置分频系数为128
8.    T4CTL |= 0x03;  //设置正计数/倒计数模式
9.    T4CC0 = 0x7d;   //设置通道 0 的最大计数值
10.   T4CTL |= 0x10;  //启动 T4
11.   T4CTL |= 0x08;  //使能 T4 的溢出中断
12.   T4IE = 1;       //使能 T4 中断
13.   EA = 1;         //使能中断系统控制位
14.}
15.
16.void led_init()
17.{
18.   P1SEL &=~ 0x03;
19.   P1DIR |= 0x03;
20.   D3 = 1;
21.   D4 = 0;
```

```
22.}
23.
24.void main()
25.{
26.    led_init();
27.    t4_init();
28.    while(1)
29.    {}
30.}
31.
32.#pragma vector = T4_VECTOR
33.__interrupt void t4_fuc(void)
34.{
35.    TIMIF &=~ 0x08;//清除 T4 的溢出中断标志位
36.    t4_count++;
37.    if(t4_count == 500)
38.    {
39.      D3 = !D3;
40.      D4 = !D4;
41.      t4_count = 0;
42.    }
43.}
```

微课

4.3.4　实验效果

4.3.8　烧写可执行文件并查看实验效果

编译程序，生成可执行文件并烧写，查看 CC2530 开发板运行效果。在本任务中，CC2530 开发板运行的效果与任务 4.1、任务 4.2 的运行效果一样。

技能提升

4.3.9　改变定时/计数器工作时钟频率

T4 是 8 位的，在振荡频率为 16MHz 和分频系数为 128 的情况下，一次定时的时间非常短。在本任务中，为了实现定时 1s，需要重复定时 500 次。那么是否可以改变定时/计数器的计数频率来实现呢？答案是肯定的。CLKCONCMD 寄存器如表 4-11 所示，该寄存器的第 5 到第 3 位（TICKSPD[2:0]）用来改变定时/计数器标记输出频率，默认值是 001，即定时/计数器标记输出频率是 16MHz，可以将其更改为其他值以改变频率。

表 4-11　CLKCONCMD 寄存器

位	名称	复位	操作	描述
7	OSC32K	1	R/W	选择时钟振荡器。 0：32kHz XOSC。1：16kHz RCOSC
6	OSC	1	R/W	选择系统时钟源。 0：32MHz XOSC。1：16MHz RCOSC

续表

位	名称	复位	操作	描述
5:3	TICKSPD[2:0]	001	R/W	设置定时/计数器标记输出频率。不能高于通过 OSC 位设置的系统时钟频率。 000: 32MHz。 001: 16MHz。 010: 8MHz。 011: 4MHz。 100: 2MHz。 101: 1MHz。 110: 500kHz。111: 250kHz
2:0	CLKSPD	001	R/W	—

例如，将 TICKSPD[2:0]位设置为 111，则定时/计数器标记输出频率为 250kHz，这样可以增大计数周期。将定时/计数器标记输出频率设置为 250kHz，其代码如下。

```
1. void main()
2. {
3.    CLKCONCMD |= 0x38;  //250kHz
4. }
```

设置分频系数为 128 后，计数周期为 0.512ms。在自由运行模式下，计数值从 0 到 0xff，经过 256 个计数周期，其时间约为 131ms。为达到 1s 的定时时间，可以将定时/计数器设置工作在正计数/倒计数模式下，一次定时 200ms，重复定时 5 次，即可实现 1s 的定时时间。这样，T4CC0 寄存器值设置为 0xc3，t4_count 值设置为 5 即可。

完整代码如下。

```
1. #include "ioCC2530.h"
2. #define D3 P1_0
3. #define D4 P1_1
4. unsigned int t4_count = 0;
5.
6. void t4_init(){
7.    T4CTL |= 0xe0; //设置分频系数为 128
8.    T4CTL |= 0x03; //设置正计数/倒计数
9.    T4CC0 = 0xc3;   //设置通道 0 的最大计数值
10.   T4CTL |= 0x10; //启动 T4
11.   T4CTL |= 0x08; //使能 T4 的溢出中断
12.   T4IE = 1;       //使能 T4 的中断
13.   EA = 1;         //使能中断系统控制位
14. }
15.
16. void led_init()
17. {
18.   P1SEL &=~ 0x03;
19.   P1DIR |= 0x03;
20.   D3 = 1;
21.   D4 = 0;
22. }
23.
24. void main()
```

```
25.{
26.    CLKCONCMD |= 0x38;   //250kHz
27.    led_init();
28.    t4_init();
29.    while(1)
30.    {}
31.}
32.
33.#pragma vector = T4_VECTOR
34.__interrupt void T4_INT(void)
35.{
36.    TIMIF &=~ 0x08;//清除 T4 的溢出中断标志位
37.    t4_count++;
38.    if(t4_count == 5)
39.    {
40.      D3 = !D3;
41.      D4 = !D4;
42.      t4_count = 0;
43.    }
44.}
```

项目总结

　　本项目主要讲解 CC2530 单片机定时/计数器的基本知识、相关寄存器、3 种工作模式的原理及使用方式。本项目分为 3 个任务，任务 4.1 讲解 T1 的正计数/倒计数模式，任务 4.2 讲解 T1 的模模式，任务 4.3 讲解 T4 的使用方式。T1 是 16 位的，功能较为齐全，是任务中优先选用的定时/计数器。T1 的正计数/倒计数模式使用方式与模模式使用方式是不同的，使用模模式要启用通道 0 的输出比较模式。另外，还要了解 T1 产生中断的 3 种情况。T3 和 T4 都是 8 位定时/计数器，功能较为相似，本项目中以 T4 为例进行讲解。定时/计数器的使用可能是初学者在学习 CC2530 单片机过程中遇到的第一个难点，在本项目的实现过程中，逻辑较之前更为复杂，使用到的寄存器也更多。作为初学者，要理解每行代码的意思，并参考书中案例，对代码进行编写。

课后练习

一、单选题

1. CC2530 单片机具有（　　）个定时/计数器。

　　A. 1　　　　　　　　B. 3　　　　　　　　C. 5　　　　　　　　D. 7

2. CC2530 单片机的 T1 在自由运行模式下，一次定时时间最长大约是（　　）。

　　A. 0.5s　　　　　　B. 1.0s　　　　　　C. 0.2s　　　　　　D. 10s

3. T1 在模模式下的最大计数值是（　　）。

　　A. 255　　　　　　B. 0.5　　　　　　C. 65535　　　　　　D. 10000

4. T1 具有（　　）个独立的捕获/比较通道。

　　A. 1　　　　　　　　B. 3　　　　　　　　C. 5　　　　　　　　D. 7

5. 采用相同的设定值，T1 在正计数/倒计数模式下的一次定时周期是模模式下的（　　）。

　　A．2 倍　　　　　　　B．5 倍　　　　　　　C．3 倍　　　　　　　D．10 倍

6. T1 在正计数/倒计数模式下，什么时候产生中断？（　　）

　　A．计数值达到最大时　　　　　　B．计数值再次返回到 0 时

　　C．任何时间　　　　　　　　　　D．以上都可以

7. T4 是（　　）位定时/计数器。

　　A．8　　　　　　　　　B．16　　　　　　　　C．4　　　　　　　　D．32

8. CC2530 单片机默认采用的振荡频率是（　　）。

　　A．16MHz　　　　　　B．32MHz　　　　　　C．16kHz　　　　　　D．32kHz

9. 以下不属于 T1 的工作模式的是（　　）。

　　A．自由运行模式　　　B．模模式　　　　　　C．倒计数模式　　　　D．正计数/倒计数模式

10. 关于 T1CTL 寄存器的功能，下面描述错误的是（　　）。

　　A．可以设置 T1 计数信号的分频系数

　　B．可以设置 T1 的工作模式

　　C．可以启动或停止 T1

　　D．可以选择 T1 的功能

二、简答题

1. CC2530 单片机定时/计数器有哪几种工作模式？

2. 添加定时/计数器有什么好处？

项目5
呼吸灯的实现

05

项目目标

学习目标

1. 理解 PWM 的概念；
2. 了解占空比的概念；
3. 掌握 CC2530 单片机 T1 实现 PWM 的方法；
4. 能熟练地实现呼吸灯；
5. 能用按键控制呼吸灯的启动或暂停。

素养目标

1. 培养科学严谨的学习态度；
2. 培养爱国情怀和工匠精神。

任务 5.1　T1 控制 D3 实现呼吸灯

任务目标

1. 理解 PWM 的概念；
2. 了解占空比的概念；
3. 掌握 CC2530 单片机 T1 实现 PWM 的方法，即 T1 控制 D3 实现呼吸灯的方法。

微课

5.1.1　任务要求和
呼吸灯基础知识

任务要求

观察可知，有些手机来信息后，手机指示灯会逐渐变亮，再逐渐变暗，再逐渐变亮，又逐渐变暗。本任务使用 CC2530 开发板的 D3 来实现呼吸灯效果。具体效果为开发板上电后，D3 逐渐变亮，然后逐渐熄灭，并循环此过程。

知识链接

5.1.1　呼吸灯与 PWM 介绍

呼吸灯与 PWM 是单片机中非常重要的知识点。下面先介绍两者的基本概念。

1. 呼吸灯

呼吸灯就是让 LED 时而渐暗、时而渐亮，利用 LED 的余光和人的视觉暂留效应，让 LED 的亮灭看上去和呼吸一样。呼吸灯在日常生活中应用十分广泛，比如当手机来短信、微信消息时，手机就会用呼吸灯来提示，再比如计算机显示器，当主机关机，显示器未关的时候，显示器上也有呼吸灯提示。呼吸灯还可以应用于其他场合，包括夜间照明、节日装饰、产品展示、汽车照明等，以增强视觉吸引力或传达特定的信息。

2. PWM

PWM 通过对一系列脉冲信号的宽度进行调制，来等效获得所需要的模拟量。

CC2530 单片机如何通过使用 PWM 来实现呼吸灯效果呢？请看下面分析。CC2530 单片机的某个 I/O 引脚连接一个 LED，当该引脚输出高电平时，LED 点亮；当引脚输出低电平时，LED 熄灭。让该引脚按照如下规律输出电平信号：先输出 8ms 的高电平，再输出 2ms 的低电平，之后按照此规律继续输出重复的高、低电平。高、低电平输出示意图如图 5-1 所示。从整体来看，该 I/O 引脚的输出电平既不是永恒的高电平，也不是永恒的低电平，而是在一个周期内，80%的时间为高电平，20%的时间为低电平，故 LED 通电时间是 80%。此时，LED 的亮度要比在一个周期内的全部时间都通高电平要暗一些。同理，如果高电平通电时间变成一个周期的 30%，此时 LED 会更暗。如果将 LED 换成电机，即 I/O 引脚连接的是电机，I/O 引脚输出高电平时，电机通电转动，I/O 引脚输出低电平时，电机断电，此时电机靠惯性继续转动。如果改变高电平所占周期的时间比例，电机的速度也会相应地受到影响。

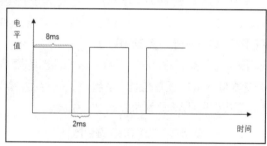

图 5-1　高、低电平输出示意图

3. 占空比

占空比是指在一组理想的脉冲周期序列（如方波）中，正脉冲的持续时间与脉冲周期的比值。例如，正脉冲的持续时间是 8ms，脉冲周期是 10ms 的脉冲序列，其占空比为 0.8。

CC2530 单片机的定时/计数器具有 PWM 功能，即可以编程实现 PWM 输出高、低电平来驱动 LED，通过逐渐改变 PWM 的占空比，控制 PWM 高电平的宽度，来控制 LED 模拟呼吸过程由渐暗到渐亮，再由渐亮到渐暗，并循环此过程。

5.1.2　T1 的 PWM 功能

T1 是一个独立的 16 位定时/计数器，支持典型的定时/计数功能，比如输入捕获功能、输出比较功能和输出 PWM 功能。T1 有 5 个独立的捕获/比较通道，每个通道单独占用一个 I/O 引脚，各通道可以在输入捕获模式下选择上升沿、下降沿或任何边沿进行输入捕获，也可以在输出比较模式下进行设置、清除或切换输出比较，在满足比较条件后，生成中断请求。T1 通道配置表如表 5-1 所示。

表 5-1　T1 通道配置表

位置	P0								P1							
	7	6	5	4	3	2	1	0	7	6	5	4	3	2	1	0
位置 1 通道配置	—	4	3	2	1	0										
位置 2 通道配置	3	4	—	—	—	—	—	—	—	—	—	—	—	0	1	2

　　T1 的 5 个通道和 P0、P1 端口具有两种配置方式，即两个位置（位置 1 和位置 2）。选择位置 1 时，T1 的通道 0 到 4 依次使用 P0 端口的 P0_2、P0_3、P0_4、P0_5、P0_6 引脚；选择位置 2 时，T1 的通道 0 到 4 依次使用 P1_2、P1_1、P1_0、P0_7、P0_6 引脚。在使用 T1 的 PWM 功能时，只能选择一个位置，且至少选择该位置中的一个通道。

　　T1 在输出 PWM 时，可以运行在自由运行模式、模模式或正计数/倒计数模式这三种模式的任一模式下。本任务以 T1 工作在自由运行模式下进行讲解。在自由运行模式下，T1 需要使用通道 1 或者通道 2，才能输出 PWM。

5.1.3　与呼吸灯相关的寄存器

微课

5.1.2　相关寄存器

　　在项目 4 中介绍了定时/计数器的一些寄存器的使用方式，例如 T1CTL、T1STAT 等。呼吸灯任务的实现除了要继续使用这些寄存器，还需要使用 PERCFG、T1CC2H、T1CC2L 和 T1CCTL2 这 4 种寄存器。

1. PERCFG——外设控制寄存器

　　PERCFG 寄存器如表 5-2 所示。该寄存器的第 6 位（T1CFG）用来配置 T1 的 I/O 位置是位置 1 还是位置 2。当位置确定后，参照表 5-1 即可知道 T1 此时的通道对应的引脚。注意，要将这些引脚设置为外设 I/O 引脚。

表 5-2　PERCFG 寄存器

位	名称	复位	操作	描述
7	—	0	R/W	保留
6	T1CFG	0	R/W	T1 的 I/O 位置。 0: 位置 1。1: 位置 2
5	T3FG	0	R/W	T3 的 I/O 位置。 0: 位置 1。1: 位置 2
4	T4FG	0	R/W	T4 的 I/O 位置。 0: 位置 1。1: 位置 2
3:2	—	00	R0	没有使用
1	U1CFG	0	R/W	USART1 的 I/O 位置。 0: 位置 1。1: 位置 2
0	U0FG	0	R/W	USART0 的 I/O 位置。 0: 位置 1。1: 位置 2

2. T1CC2H、T1CC2L——T1 通道 2 捕获/比较寄存器

　　T1CC2H 寄存器、T1CC2L 寄存器分别如表 5-3、表 5-4 所示。T1 通道 2 的捕获/比较值放

在 T1CC2H 和 T1CC2L 两个寄存器中。其中，T1CC2H 寄存器存放的是高 8 位值，T1CC2L 寄存器存放的是低 8 位值。

表 5-3　T1CC2H 寄存器

位	名称	复位	操作	描述
7:0	T1CC2[15:0]	0x00	R/W	T1 通道 2 捕获/比较高 8 位值

表 5-4　T1CC2L 寄存器

位	名称	复位	操作	描述
7:0	T1CC2[7:0]	0x00	R/W	T1 通道 2 捕获/比较低 8 位值

3. T1CCTL2——T1 通道 2 捕获/比较控制寄存器

T1CCTL2 寄存器如表 5-5 所示。

表 5-5　T1CCTL2 寄存器

位	名称	复位	操作	描述
7	RFIRQ	0	R/W	设置时使用 RF 捕获，而不是常规的输入捕获
6	IM	1	R/W	屏蔽通道 2 中断，设置时使能中断请求
5:3	CMP[2:0]	000	R/W	选择通道 2 输出比较模式。当 T1 的当前计数值等于在 T1CC2H、T1CC2L 中的比较值时，选择输出方式。 000：输出比较模式 1，比较设置输出。 001：输出比较模式 2，比较清除输出。 010：输出比较模式 3，比较切换输出。 011：输出比较模式 4，向上比较设置输出，在 0 清除。 100：输出比较模式 5，向上比较清除输出，在 0 设置。 101：输出比较模式 6，当等于 T1CC0 寄存器值时清除，当等于 T1CC2 值时设置。 110：输出比较模式 7，当等于 T1CC0 寄存器值时设置，当等于 T1CC2 值时清除。 111：初始化输出引脚。CMP[2:0]不变
2	MODE	0	R/W	模式。选择 T1 通道 2 输入捕获模式或者输出比较模式。 0：输入捕获模式。1：输出比较模式
1:0	CAP[1:0]	00	R/W	—

要使用 T1 的 PWM 功能，T1CCTL2 寄存器的第 2 位（MODE）就要设置为 1，即设置 T1 通道 2 为输出比较模式。设置后，每次计数时 T1 都会将当前计数值（T1CNTL、T1CNTH 寄存器值）与设定值（T1CC2L、T1CC2H 寄存器值）进行比较，当前计数值等于设定值时，会将 T1 通道 2 的中断标志位置位，如果开启相关中断，则产生中断。

该寄存器的第 5 到第 3 位（CMP[2:0]）用来设置在通道 2 的输出比较模式。T1 在自由运行模式下，通道 2 需要使用输出比较模式 4、5 或者输出比较模式 6、7。如果通道 2 使用输出比较模式 6、7，则 PWM 信号的周期由 T1CC0 寄存器值确定，占空比由 T1CC2 值确定，这种实现稍微复杂。如果通道 2 使用输出比较模式 4、5，则 PWM 信号的周期就是自由运行模式下的定时周期，占空比由 T1CC2 值确定，这种实现较为容易。为简单地实现输出 PWM，可以让通道 2 使用输出比较模式 4、5，即 CMP[2:0]设置为 100，当前计数值为 0 时，置位，即通道 2（在位置 2 下，P1_0 引脚）输出高电平；当前计数值与设定值相等时，清除，即通道 2 输出低电平。通过项目 2 的

图 2-7 可知，P1_0 引脚输出高电平，D3 点亮，P1_0 引脚输出低电平，D3 熄灭。

任务分析

5.1.4 分析流程图

采用改变 T1 的 PWM 占空比的方式实现呼吸灯，进而改变 LED 的通电时间。在本任务中，

5.1.3 任务分析

T1 设置为位置 2，且使用通道 2（P1_0 引脚）连接 D3。要实现呼吸灯，就要改变 D3 在一个周期内的通电时间，即需要改变 P1_0 引脚输出高电平的时间。在代码中需要改变的是 T1 的计数设定值（T1CC2L、T1CC2H 寄存器值）。

本任务实现思路及相关步骤如下。

（1）设置 T1 工作在自由运行模式。

（2）设置 T1 使用位置 2、通道 2，即选用 P1_0 引脚连接 D3 实现呼吸灯。

（3）设置 T1 通道 2 的输出比较模式，即设置 T1CC2L、T1CC2H 寄存器的值。

（4）判断是否满足比较的条件，即通道 2 中断标志位是否置位。如果满足条件，则改变 T1CC2L、T1CC2H 寄存器的值，并重新设置。

呼吸灯实现流程图如图 5-2 所示。

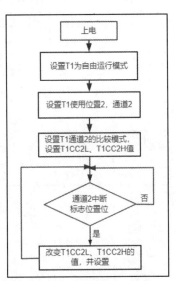

图 5-2 呼吸灯实现流程图

5.1.5 分析电路图

查看项目 2 中的图 2-7 和图 2-8 可知，D3、D4、D5、D6 分别连接 P1_0、P1_1、P1_3、P1_4 引脚。使用 T1 的 PWM 功能实现呼吸灯效果，从中选择一个 LED 即可。结合表 5-1，选择 P1_0 引脚连接 D3，同时，P1_0 引脚是 T1 的位置 2 中的通道 2。当然，也可以选择 P1_1 引脚，那么对应的 LED 和通道都要相应改变。

5.1.4 任务实现

任务实现

实施本任务需要设置 D3、T1，将 T1 通道 2 设置为输出比较模式，在 main 函数中判断是否达到定时时间，且按照渐亮、渐灭两种情况来更改 T1CC2L、T1CC2H 寄存器的值。

5.1.6 创建工程

创建项目 5 的工程。在 D:\CC2530 目录下新建文件夹 ws5。新建工作区并命名为 ws5，新建 Project 并命名为 Project1，两者都保存在 ws5 文件夹中。之后，新建 code1.c 文件并添加到 Project1 中。

参考项目 1 的做法，对该工程的 3 个位置进行配置。

5.1.7 编写基础代码

本任务的基础代码编写包括导入头文件和设置 D3。

1. 导入头文件

在 code1.c 文件中导入 ioCC2530.h 文件。

2. 设置 D3

D3 初始化代码如下。

```
1. void init_led()
2. {
3.   P1SEL &=~ 0x01;
4.   P1DIR |= 0x01;
5.   D3 = 0;
6. }
```

5.1.8 设置 T1

使用 T1 的 PWM 功能，需要设置其分频系数和输出比较模式，以及 T1CC2L、T1CC2H 寄存器的值。

1. 设置 T1 的分频系数

在本任务中，设置 T1 分频系数为 1，工作在自由运行模式，代码如下。

```
1. T1CTL |= 0x01;   //T1 分频系数为 1，自动重装 0x0000 ~ 0xFFFF
```

2. 设置 T1 的通道 2 为输出比较模式

（1）设置 P1_0 引脚为输出方向，代码如下。

```
1. P1DIR |= 0x01;
```

（2）设置 T1 采用位置 2，代码如下。

```
1. PERCFG |= 0x40;
```

通过表 5-1 可知，T1 选用位置 2 后，P1_0 引脚对应 T1 的通道 2。

（3）设置 P1_0 引脚为外设 I/O 引脚，代码如下。

```
1. P1SEL |= 0x01;
```

（4）设置 T1CCTL2 寄存器。设置输出比较模式，选择通道 2 的输出比较模式 5，代码如下。

```
1. T1CCTL2 |= 0x64;        //T1 通道 2 向上比较清除输出，输出比较模式
```

这里采用通道 2 的输出比较模式 5，即当 T1 的当前计数值为 0 时，通道 2 置位，即 P1_0 引脚输出高电平，D3 点亮；当 T1 的当前计数值达到设定值时，清除，即 P1_0 引脚输出低电平，D3 熄灭。

注意，当前计数值和设置值相等时，T1 会继续计数，当前计数值会一直增加到 0xffff，再返回

0。当前计数值返回 0 时，通道 2 再置位，即 P1_0 引脚再输出高电平，以此重复执行下去。

3. 设置 T1CC2L、T1CC2H 寄存器的值

设置 T1CC2L、T1CC2H 寄存器的值，需要先设置低位值，即设置 T1CC2L 寄存器的值，再设置高位值，即设置 T1CC2H 寄存器的值，代码如下。

```
1. T1CC2L = 0xff;          //设置低 8 位值
2. T1CC2H = h;             //设置高 8 位值
```

4. 完成 T1 初始化代码

T1 初始化完整代码如下。

```
1. void init_t1()
2. {
3.   T1CTL = 0x01;
4.   PERCFG = 0x40;
5.   P1SEL |= 0x01;
6.   T1CCTL2 = 0x64;
7.   T1CC2L = 0xff;
8.   T1CC2H = h;
9. }
```

5.1.9 处理中断标志位

在本任务的实现中，虽然没有启用 T1 的中断，但是并不影响 T1 通道 2 的中断标志位置位。本任务由于使用了 T1 通道 2 的输出比较模式，因此需要判断 T1 通道 2 的中断标志位，代码如下。

```
1. if((T1STAT & 0x04) > 0)      //判断通道 2 中断标志位是否为 1
2. {
3.     T1STAT = T1STAT & 0xfb;   //清除通道 2 的中断标志位
4. }
```

5.1.10 编写 main 函数

main 函数中通过调节 PWM 的占空比来调节 D3 的亮度，代码如下。

```
1. void main()
2. {
3.   unsigned char a = 1;
4.   init_led();
5.   init_t1();
6.   while(1)
7.   {
8.     if(T1STAT & 0x04)
9.     {
10.      T1STAT = T1STAT & 0xfb;   //清除通道 2 的中断标志位
11.
12.      if(a == 1)          //a=1 为渐亮，a=2 为渐灭
13.        h++;
```

```
14.        else
15.          h--;
16.
17.        T1CC2L = 0xff;
18.        T1CC2H = h;        //重装比较值
19.        if(h >= 254)       //最大亮度
20.          a=2;             //设为渐灭
21.        if(h == 0)         //最小亮度
22.          a=1;             //设为渐亮
23.      }
24.  }
25.}
```

在上面的代码中，比较值的低 8 位是固定的，取值为 0xff；高 8 位是变化的，由变量 h 赋值，h 的取值范围是 0～254。h 是逐渐变大还是逐渐变小，取决于 a 的值。当 a 的值为 1 时，h 逐渐变大，此时 PWM 占空比提高，D3 逐渐变亮；当 a 的值为 2 时，h 逐渐变小，此时 PWM 占空比降低，D3 逐渐变暗。

5.1.11　完成任务完整代码

本任务的完整代码如下。

```
1. #include "ioCC2530.h"
2.
3. #define D3 (P1_0)
4. unsigned char h;
5.
6. /***********D3 初始化部分********/
7. void init_led()
8. {
9.   P1SEL &=~ 0x01;
10.  P1DIR |= 0x01;
11.  D3 = 0;
12.}
13./********T1 初始化部分******/
14.void init_t1()
15.{
16.  T1CTL = 0x01;
17.  PERCFG = 0x40;
18.  P1SEL |= 0x01;
19.  T1CCTL2 = 0x64;
20.  T1CC2L = 0xFF;
21.  T1CC2H = h;
22.}
23.
24.void main()
25.{
26.  unsigned char a = 1;
27.  init_led();
```

```
28.   init_t1();
29.   while(1)
30.   {
31.     if(T1STAT & 0x04)
32.     {
33.       T1STAT = T1STAT & 0xfb;   //清除通道 2 的中断标志位
34.
35.       if(a == 1)          //a=1 为渐亮, a=2 为渐灭
36.         h++;
37.       else
38.         h--;
39.
40.       T1CC2L = 0xff;
41.       T1CC2H = h;         //重装比较值
42.       if(h >= 254)        //最大亮度
43.         a=2;              //设为渐灭
44.       if(h == 0)          //最小亮度
45.         a=1;              //设为渐亮
46.     }
47.   }
48.}
```

5.1.5　实验效果

5.1.12　烧写可执行文件并查看实验效果

编译并生成可执行文件，将其烧写到 CC2530 单片机上并运行，查看 D3 的亮灭效果。D3 先逐渐变亮，再逐渐熄灭，且该过程循环。

技能提升

5.1.13　双呼吸灯的实现

任务 5.1 采用 T1 控制 D3 实现呼吸灯效果，可以参考该任务的实现，使用 T1 来控制 D3、D4 实现双呼吸灯效果。在双呼吸灯效果的实现过程中，需要注意 D4 连接对应 T1 的通道的引脚，参考 D3 的实现逻辑进行代码编写等。

代码如下。

```
1. #include "ioCC2530.h"
2.
3. #define D3 (P1_0)
4. #define D4 (P1_1)
5. unsigned char h1 = 0;
6. unsigned char h2 = 254;
7.
8. /***********D3、D4 初始化部分********/
9. void init_led()
10.{
11.  P1SEL &=~ 0x03;
```

```
12.    P1DIR |= 0x03;
13.    D3 = 0;
14.    D4 = 0;
15.}
16./********T1 初始化部分******/
17.void init_t1()
18.{
19.    T1CTL = 0x01;
20.    PERCFG = 0x40;
21.    P1SEL |= 0x03;
22.    T1CCTL2 = 0x64;    //设置通道 2
23.    T1CC2L = 0xff;
24.    T1CC2H = h1;
25.
26.    T1CCTL1 = 0x64;    //设置通道 1
27.    T1CC1L = 0xff;
28.    T1CC1H = h2;
29.}
30.
31.void main()
32.{
33.    unsigned char a1 = 1;
34.    unsigned char a2 = 1;
35.
36.    init_led();
37.    init_t1();
38.    while(1)
39.    {
40.      if(T1STAT & 0x04) // 0000 0100
41.      {
42.        T1STAT = T1STAT & 0xfb;    //清除通道 2 的中断标志位
43.
44.        if(a1 == 1)        //a1=1 为渐亮,a1=2 为渐灭
45.          h1++;
46.        else
47.          h1--;
48.
49.        T1CC2L = 0xff;
50.        T1CC2H = h1;      //重装比较值
51.        if(h1 >= 254)     //最大亮度
52.          a1 = 2;         //设为渐灭
53.        if(h1 == 0)       //最小亮度
54.          a1 = 1;         //设为渐亮
55.      }
56.
57.      if(T1STAT & 0x02) //0000 0010
58.      {
59.        T1STAT = T1STAT & 0xfd;    //清除通道 1 的中断标志位
60.
61.        if(a2 == 1)        //a2=1 为渐亮,a2=2 为渐灭
62.          h2++;
```

```
63.      else
64.        h2--;
65.
66.      T1CC1L = 0xff;
67.      T1CC1H = h2;        //重装比较值
68.      if(h2 >= 254)       //最大亮度
69.        a2=2;             //设为渐灭
70.      if(h2 == 0)         //最小亮度
71.        a2=1;             //设为渐亮
72.    }
73.  }
74.}
```

任务 5.2   用按键控制呼吸灯的启动或暂停

任务目标

1. 能熟练地实现呼吸灯的效果；
2. 能用按键控制呼吸灯的启动或暂停。

微课
5.2.1 任务要求
和基础知识

任务要求

　　呼吸灯可以给人提示。例如，当手机收到消息后，手机会有呼吸灯来提示。当打开手机查看此消息后，呼吸灯会关闭。本任务用按键来代替第三方事件，实现效果为：CC2530 开发板上电后，默认呼吸灯熄灭；按下按键奇数次后，呼吸灯启动；按下按键偶数次后，呼吸灯暂停。

知识链接

5.2.1   用按键控制呼吸灯

　　在项目 3 中介绍过按键事件。项目 3 是通过按键事件来控制 LED 的亮与灭，本任务是通过按键事件控制呼吸灯的启动与暂停。在本任务中，采用中断方式来处理按键事件。

　　呼吸灯的暂停与 LED 的熄灭不同，呼吸灯暂停是 PWM 占空比固定了，即 T1CC2L、T1CC2H 寄存器的值固定了，即在一个周期中，LED 通电时间固定了，此时 LED 的亮度就会稳定，表现出的现象就是呼吸灯不再呼吸，而是暂停了。

微课
5.2.2 任务分析

任务分析

5.2.2   分析流程图

　　本任务实现思路及相关步骤如下。

（1）CC2530 单片机上电后，完成 D3 的初始化配置，再配置 SW1，开启 SW1 按键中断，并熄灭 D3。

（2）检测第一次按键事件是否发生。如果按键事件发生，则 D3 启动，并进入步骤（3）；如果按键事件没发生，则重复执行步骤（2）。

（3）检测按键事件是否再次发生。如果按键事件发生，D3 呼吸灯由运行到暂停，或者由暂停到运行；如果按键事件没发生，则重复执行步骤（3）。

按键控制呼吸灯效果简易流程图如图 5-3 所示。

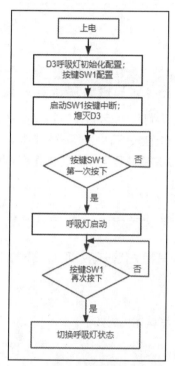

图 5-3　按键控制呼吸灯效果简易流程图

这里需要设置两个变量作为标志，第一个变量用来标志按键事件是否发生，即设置 CC2530 开发板上电运行后，是否要启动呼吸灯；第二个变量用来标志按键事件发生的次数，奇数次则启动呼吸灯，偶数次则暂停呼吸灯。

5.2.3　分析电路图

本任务的电路图与任务 5.1 的相同。

任务实现

实施本任务需要设置 D3、T1、按键，编写按键中断服务函数。在中断服务函数中，需要完成按键第一次被按下的判断，并根据按键次数来判断呼吸灯是否运行，完成相关变量的设置。在 main 函数中，根据中断服务函数中的变量值决定呼吸灯是否运行。

微课

5.2.3　任务实现

5.2.4 编写基础代码

要完成本任务，就需要先完成基础代码的编写：导入头文件、设置 D3、定义标志位变量。

1. 导入头文件

在 code1.c 文件中导入 ioCC2530.h 文件。

2. 设置 D3

参考任务 5.1 的代码设置 D3 即可。

3. 定义标志位变量

定义两个变量，代码如下。

```
1. unsigned char begin_flag = 0;   //记录开发板上电后，按键是否被按下过
2. unsigned char stop = 1;         //呼吸灯暂停或者启动
```

CC2530 开发板上电后，呼吸灯没有启动，当按键第一次被按下后，呼吸灯启动。变量 begin_flag 用来标记按键是否第一次被按下。按键第一次被按下后，之后的按键事件会控制呼吸灯的暂停或启动。变量 stop 用来标识是否需要暂停呼吸效果。这两个变量在定义的时候就有初始值，之后在按键中断服务函数中更改值。

5.2.5 处理按键事件

参考项目 3 按键事件的实现，其相关代码有两部分，第一部分是初始化按键事件，第二部分是编写中断服务函数。

1. 初始化按键事件

按键初始化可以参考项目 3，其具体代码如下。

```
1. //按键初始化，设置中断打开
2. void init_sw1()
3. {
4.     P1SEL &=~ 0x04;
5.     P1DIR &=~ 0x04;
6.
7.     IEN2 |= 0x10;
8.     P1IEN |= 0x04;
9.     PICTL |= 0x02;
10.    EA = 1;
11.}
```

2. 编写中断服务函数

中断服务函数的编写可以参考项目 3 任务 3.2，其具体代码如下。

```
1. //按键中断服务函数
2. #pragma vector = P1INT_VECTOR
3. __interrupt void p1_fuc(void)
4. {
5.     if(P1IFG & 0x04) //SW1 按键事件是否发生
```

```
6.    {
7.        //判断按键是否被按下过，当 CC2530 开发板上电后，第一次按下按键
8.        //将 begin_flag 变量值设置为 1
9.        if(begin_flag == 0)
10.           begin_flag = 1;
11.       else
12.           stop = !stop;
13.       //按键被按下后，呼吸灯运行/暂停标志位反转
14.
15.       //清除 SW1 引脚的中断标志位
16.       P1IFG = 0x00;
17.   }
18.   P1IF = 0 ;
19.}
```

5.2.6 编写 main 函数

实现本任务的呼吸灯需要在任务 5.1 的代码基础上添加两个 while 语句，第一个 while 语句用来判断是否启动呼吸灯，第二个 while 语句用来判断是否暂停呼吸灯。

1. 判断是否启动呼吸灯

第一个 while 语句在 while(1)循环的最开始，用于判断按键是否被按下。

```
1. while(1)
2. {
3.     while(!begin_flag);
4. }
```

2. 判断是否暂停呼吸灯

第二个 while 语句是在 T1 通道 2 的中断标志位更改后，在对 T1CC2L、T1CC2H 填充新值前进行判断，是否填充新值决定了是否改变灯的亮度。如果不填充新值，则灯的亮度不变，给人的感觉就是呼吸灯效果暂停了。

```
1. while(1)
2. {
3.     while(!begin_flag);
4.
5.     if(T1STAT & 0x04)//判断 T1 通道 2 的中断标志位是否为 1
6.     {
7.       T1STAT = T1STAT & 0xfb;//清除 T1 通道 2 的中断标志位
8.
9.       while(stop);
10.    }
11.}
```

3. 判断呼吸灯运行、暂停的代码

完整的判断呼吸灯运行、暂停的代码如下。

```
1. while(1)
2.   {
```

```
3.        while(!begin_flag);
4.
5.        if(T1STAT & 0x04)//判断 T1 通道 2 的中断标志位是否为 1
6.        {
7.           T1STAT = T1STAT & 0xfb;//清除 T1 通道 2 的中断标志位
8.
9.          while(stop);
10.
11.         if(a == 1)
12.           h++;
13.         else
14.           h--;
15.
16.         T1CC2L = 0xff;
17.         T1CC2H = h;
18.
19.         if(h >= 254)
20.           a = 2;
21.         if(h == 0)
22.           a = 1;
23.      }
24. }
```

5.2.7　完成任务完整代码

本任务的完整代码如下。

```
1. #include "ioCC2530.h"
2.
3. #define D3 (P1_0)
4.
5. unsigned char h;
6. unsigned char begin_flag = 0;  //记录 CC2530 单片机上电后，按键是否被按下过
7. unsigned char stop = 0;          //呼吸灯暂停或者启动
8.
9. //D3 初始化
10.void init_led()
11.{
12.  P1SEL &=~ 0x01;
13.  P1DIR |= 0x01;
14.  D3 = 0;
15.}
16.
17.//按键初始化，设置中断打开
18.void init_sw1()
19.{
20.  P1SEL &=~ 0x04;
21.  P1DIR &=~ 0x04;
22.
```

```
23.    IEN2  |= 0x10;
24.    P1IEN |= 0x04;
25.    PICTL |= 0x02;
26.    EA = 1;
27.}
28.
29.//T1 初始化
30.void init_t1()
31.{
32.    T1CTL = 0x01;
33.    PERCFG = 0x40;
34.    P1SEL |= 0x01;
35.
36.    T1CCTL2 = 0x64;
37.
38.    T1CC2L = 0xFF;
39.    T1CC2H = h;
40.}
41.
42.//按键中断服务函数
43.#pragma vector = P1INT_VECTOR
44.__interrupt void p1_fuc(void)
45.{
46.    if(P1IFG & 0x04) //SW1 按键事件是否发生
47.    {
48.        //判断按键是否被按下过，当 CC2530 单片机上电后，第一次按下按键
49.        //将 begin_flag 变量值设置为 1
50.        if(begin_flag == 0)
51.            begin_flag = 1;
52.        else
53.            stop = !stop;
54.        //按键被按下后，呼吸灯运行/暂停标志位反转
55.
56.        //清除 SW1 引脚的中断标志位
57.        P1IFG = 0x00;
58.    }
59.    P1IF = 0 ;
60.}
61.
62.void main( )
63.{
64.    unsigned char a = 1;
65.
66.    init_led();
67.    init_t1();
68.    init_sw1();
69.
70.    while(1)
71.    {
72.        while(!begin_flag);
```

```
73.
74.     if(T1STAT & 0x04)//判断 T1 通道 2 的中断标志位是否为 1
75.     {
76.       T1STAT = T1STAT & 0xfb;//清除 T1 通道 2 的中断标志位
77.
78.     while(stop);
79.
80.       if(a == 1)
81.         h++;
82.       else
83.         h--;
84.
85.       T1CC2L = 0xff;
86.       T1CC2H = h;
87.
88.       if(h >= 254)
89.         a = 2;
90.       if(h == 0)
91.         a = 1;
92.     }
93.   }
94.}
```

微课

5.2.4 实验效果

5.2.8 烧写可执行文件并查看实验效果

编译并生成可执行文件，将其烧写到 CC2530 单片机上并运行。一开始，呼吸灯不工作，按键第一次被按下后，呼吸灯开始工作，按键第二次被按下后，呼吸灯暂停，即 D3 保持当前亮度。再次按下按键后，呼吸灯继续工作。

技能提升

5.2.9 用按键控制双呼吸灯的运行与暂停

本任务要求用按键控制双呼吸灯的运行与暂停，请在任务 5.1 技能提升的基础上更改相关代码实现此效果。参考代码如下。

```
1. #include "ioCC2530.h"
2.
3. #define D3 (P1_0)
4. #define D4 (P1_1)
5.
6. unsigned char h1;
7. unsigned char h2;
8. unsigned char begin_flag = 0;  //记录 CC2530 开发板上电后，按键是否被按下过
9. unsigned char stop = 0;          //呼吸灯暂停或者启动
10.
11.//D3、D4 初始化
```

```
12.void init_led()
13.{
14.   P1SEL &=~ 0x03;
15.   P1DIR |= 0x03;
16.   D3 = 0;
17.   D4 = 0;
18.}
19.
20.//按键初始化，设置中断打开
21.void init_sw1()
22.{
23.   P1SEL &=~ 0x04;
24.   P1DIR &=~ 0x04;
25.
26.   IEN2 |= 0x10;
27.   P1IEN |= 0x04;
28.   PICTL |= 0x02;
29.   EA = 1;
30.}
31.
32.//T1 初始化
33.void init_t1()
34.{
35.   T1CTL = 0x01;
36.   PERCFG = 0x40;
37.   P1SEL |= 0x03;
38.   T1CCTL2 = 0x64;   //设置通道 2
39.   T1CC2L = 0xff;
40.   T1CC2H = h1;
41.
42.   T1CCTL1 = 0x64; //设置通道 1
43.   T1CC1L = 0xff;
44.   T1CC1H = h2;
45.}
46.
47.//按键中断处理函数
48.#pragma vector = P1INT_VECTOR
49.__interrupt void p1_fuc(void)
50.{
51.   if(P1IFG & 0x04) //SW1 按键事件是否发生
52.   {
53.      //判断按键是否被按下过，当 CC2530 开发板上电后，第一次按下按键
54.      //将 begin_flag 变量值设置为 1
55.      if(begin_flag == 0)
56.        begin_flag = 1;
57.      else
58.        stop = !stop;
59.      //按键被按下后，呼吸灯运行/暂停标志位反转
60.
61.      //清除 SW1 引脚的中断标志位
```

119

```
62.        P1IFG = 0x00;
63.    }
64.    P1IF = 0 ;
65.}
66.
67.void main( )
68.{
69.    unsigned char a1 = 1;
70.    unsigned char a2 = 1;
71.
72.
73.    init_led();
74.    init_t1();
75.    init_sw1();
76.
77.    while(1)
78.    {
79.      while(!begin_flag);
80.      while(stop);
81.
82.        if(T1STAT & 0x04) // 0000 0100
83.        {
84.          T1STAT = T1STAT & 0xfb;    //清除通道 2 的中断标志位
85.
86.          if(a1 == 1)        //a1=1 为渐亮，a1=2 为渐灭
87.            h1++;
88.          else
89.            h1--;
90.
91.          T1CC2L = 0xff;
92.          T1CC2H = h1;      //重装比较值
93.          if(h1 >= 254)    //最大亮度
94.            a1 = 2;         //设为渐灭
95.          if(h1 == 0)      //最小亮度
96.            a1 = 1;         //设为渐亮
97.        }
98.
99.       if(T1STAT & 0x02) //0000 0010
100.        {
101.          T1STAT = T1STAT & 0xfd;   //清除通道 1 的中断标志位
102.
103.          if(a2 == 1)        //a2=1 为渐亮，a2=2 为渐灭
104.            h2++;
105.          else
106.            h2--;
107.
108.          T1CC1L = 0xff;
109.          T1CC1H = h2;      //重装比较值
110.          if(h2 >= 254)    //最大亮度
111.            a2=2;           //设为渐灭
```

```
112.        if(h2 == 0)          //最小亮度
113.            a2=1;            //设为渐亮
114.        }
115.    }
116.}
```

项目总结

本项目主要讲解了 CC2530 单片机实现呼吸灯的效果，介绍了如何通过调节占空比来调整 PWM 输出高电平时间，从而控制 LED 的通电时间，最终实现呼吸灯的效果。呼吸灯在日常生产生活中有很多的应用，是单片机学习的重要内容之一，也是技能大赛中考核点之一。读者应在理解的基础上，掌握相关代码的编写。

课后练习

一、单选题

1. T1 在使用输出 PWM 功能时，需要使用通道的（　　　）功能。
   A. 比较　　　　　　 B. 捕获　　　　　　 C. 定时　　　　　　 D. 计数

2. 呼吸灯通过调整波形的（　　　）来调整 LED 的通电时间。
   A. 周期　　　　　　 B. 频率　　　　　　 C. 占空比　　　　　 D. 幅值

3. 使用 T1 的 PWM 功能，要改变占空比，需要调整（　　　）寄存器的值。
   A. T1CTL　　　　　　　　　　　　　 B. T1CNTH、T1CNTL
   C. T1STAT　　　　　　　　　　　　　 D. T1CCXL、T1CCxH

4. 使用 T1 的 PWM 功能，在判断中断标志位的时候，需要查看（　　　）中断标志位。
   A. T1IF　　　　　　　　　　　　　　 B. T1STAT.OVFIF
   C. T1STAT.CHxIF　　　　　　　　　　 D. TIMIF.T1OVFIM

二、简答题

1. 简述呼吸灯的工作原理。
2. 简述 T1 实现呼吸灯的做法。

项目6
CC2530单片机与PC的通信

06

项目目标

学习目标

1. 了解串口通信的基础知识；
2. 掌握 CC2530 单片机串口相关寄存器的使用；
3. 熟悉 CC2530 单片机串口模块的配置和运用；
4. 掌握 CC2530 单片机串口发送数据的实现方式；
5. 掌握 CC2530 单片机串口接收数据的实现方式，包括查询方式和中断方式。

素养目标

1. 树立学生的操作安全意识；
2. 培养学生分析问题的能力。

任务 6.1 CC2530 单片机通过串口发送数据到 PC

任务目标

1. 了解串口通信的基础知识；
2. 掌握 CC2530 单片机串口相关寄存器的使用；
3. 熟悉 CC2530 单片机串口模块的配置和运用；
4. 掌握 CC2530 单片机串口发送数据的实现方式。

任务要求

微课

6.1.1 任务要求
和通信基础知识

实现 CC2530 单片机发送数据给 PC，PC 通过串口调试助手查看接收到的数据。

CC2530 开发板的串口通过"USB 转串口"数据线连接到 PC。使用 CC2530 单片机的串口发送数据"Hello, PC"给 PC。在 PC 端，使用串口调试助手查看接收到的数据。CC2530 单片机发送数据采用固定周期 2s，即每隔 2s 发送一次数据。

知识链接

6.1.1 串口通信介绍

1. 通信方式

进行数据通信时，根据通信双方与外设之间的连线结构和数据传输方式的不同，可以将通信方式分为两种：并行通信和串行通信。

并行通信是指利用多条数据传输线同时发送或接收数据。并行通信示意图如图 6-1 所示。

串行通信是指数据一位接一位地按顺序发送或接收。串行通信示意图如图 6-2 所示。

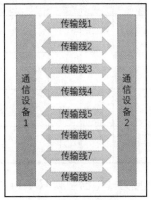

图 6-1　并行通信示意图

图 6-2　串行通信示意图

并行通信的特点是各位数据同时传输，传输速度快、效率高，并行通信传输数据需要使用较多的数据线，因此传输成本高、干扰大、可靠性较差，一般适用于短距离数据通信，且多用于计算机内部的数据传输。串行通信的特点是数据按顺序进行传输，成本低、传输数据速度慢，一般用于较长距离的数据传输。常见的计算机鼠标、键盘等都采用串行通信。

2. 串口通信的方式

按照数据的传输模式，串行通信可分为单工模式、半双工模式和全双工模式。单工模式下，数据只能发送或者接收。半双工模式下，通信的双方既可以发送数据，又可以接收数据，但是发送数据和接收数据不能同时发生。全双工模式下，通信的双方在同一时刻，既可以发送数据，也可以接收数据。一般情况下，串行通信采用半双工模式，这种模式简单可靠。

按照通信的时钟控制方式，串行通信又分同步和异步两种。

同步串行通信中，所有通信设备使用同一个时钟源，以数据块为单位传输数据，每个数据块包括同步字符、数据块和校验字符。同步串行通信的优点是数据传输速率高，缺点是要求发送时钟信号和接收时钟信号严格保持同步。这种传输方式对硬件要求较高。

异步串行通信中，每个通信设备都有自己的时钟信号，通信中双方的时钟信号频率保持一致。异步串行通信以字符为单位进行数据传输，每一个字符按照固定的格式传输，又被称为帧，即异步串行通信一次传输一个帧。

3. 波特率

单片机的串行通信速率用波特率来表示，单位为 bit/s，即每秒传输的二进制位数。

6.1.2 串口通信模块介绍

CC2530 单片机有两个串行通信接口（简称串口），即 USART0 和 USART1，它们能够分别运行于异步 UART 模式或者同步 SPI 模式。两个串口具有相同的功能，进行数据传输时需要占用 I/O 引脚。UART 模式下的 I/O 引脚映射如表 6-1 所示。

表 6-1　UART 模式下的 I/O 引脚映射

位置	P0								P1							
	7	6	5	4	3	2	1	0	7	6	5	4	3	2	1	0
USART0 位置 1	—	—	RT	CT	TX	RX	—	—	—	—	—	—	—	—	—	—
USART0 位置 2	—	—	—	—	—	—	—	—	RX	TX	RT	CT	—	—	—	—
USART1 位置 1	—	—	RX	TX	RT	CT	—	—	—	—	—	—	—	—	—	—
USART1 位置 2	—	—	—	—	—	—	—	—	RX	TX	RT	CT	—	—	—	—

根据映射表可知，在 UART 模式下，串口使用双线连接方式（含引脚 RX、TX）或者四线连接方式（含引脚 RX、TX、RT 和 CT）通信，其中 RT 和 CT 引脚用于硬件流量控制。USART0 和 USART1 均使用 P0 端口和 P1 端口，每个串口都有两个位置。例如，USART0 使用位置 1 时，RX 使用 P0_2 引脚，TX 使用 P0_3 引脚；USART0 使用位置 2 时，RX 使用 P1_5 引脚，TX 使用 P1_4 引脚。

采用 UART 模式进行通信具有下列特点。

（1）8 位或者 9 位有效数据。

（2）奇校验、偶校验或者无奇偶校验。

（3）配置起始位和停止位电平。

（4）配置 LSB 或者 MSB 首先传输。

（5）独立收发中断。

（6）独立收发 DMA 触发。

（7）奇偶校验和数据帧错误状态指示。

UART 模式提供全双工传输，接收器中的位同步不影响发送功能。一个 UART 字节包含 1 个起始位、8 个数据位、1 个作为可选项的第 9 位数据或者奇偶校验位，再加上 1 个或 2 个停止位。传输一个 UART 字节实际发送的帧包含 8 位或者 9 位，但是数据传输只涉及一个字节。

6.1.3 振荡器和时钟

CC2530 单片机内部具有多个模块，这些模块在工作时需要有一个时钟信号来统一步调、协调指挥。振荡器就是产生这个时钟信号的设备。

CC2530 单片机的振荡器有两类：高频振荡器和低频振荡器。其中，高频振荡器包括 16MHz RC 振荡器和 32MHz 晶振，低频振荡器包括 32kHz RC 振荡器和 32kHz 晶振。高频振荡器是 CC2530 单片机的主时钟源的振荡源。

CC2530 单片机启动时，默认运行 16MHz 的内部 RC 振荡器，但是在使用无线收发数据功能时，需要采用 32MHz 的外部晶振，故在程序中，需要对振荡源进行调整。在本项目中，设置串口的波特率，也需要将振荡频率设置为 32MHz。这里使用时钟控制命令寄存器 CLKCONCMD 和时钟控制状态寄存器 CLKCONSTA 来对振荡源进行设置。

6.1.4　与串口相关的寄存器

对于 CC2530 单片机的每个 USART 串口，均有 5 个寄存器：UxCSR（x 是 USART 的编号，为 0 或者 1），USARTx 控制和状态寄存器；UxUCR，USARTx UART 控制寄存器；UxDBUF，USARTx 接收/发送数据缓冲寄存器；UxGCR，USARTx 通用控制寄存器；UxBAUD，USARTx 波特率控制寄存器。此外，还涉及 2 个时钟控制寄存器：CLKCONCMD 寄存器和 CLKCONSTA 寄存器。

微课

6.1.2　相关寄存器

1. UxCSR——USARTx 控制和状态寄存器

UxCSR 寄存器如表 6-2 所示。UxCSR 寄存器的最高位是 MODE 位，默认值为 0，即串口工作模式为 SPI 模式，这里需要将该位设置为 1，即让串口工作模式切换到 UART 模式。REN 位默认值为 0，即串口默认情况下禁用接收器。在本任务中，是 CC2530 单片机发送数据给 PC，故此任务不需要接收器工作；在任务 6.2 中，是 PC 发送数据给 CC2530 单片机，此时 CC2530 单片机接收数据，即需要串口的接收器工作，则该位需要设置为 1。

表 6-2　UxCSR 寄存器

位	名称	复位	操作	描述
7	MODE	0	R/W	USART 模式选择。 0: SPI 模式。1: UART 模式
6	REN	0	R/W	UART 接收器使能。注意在 UART 完全配置之前不使能接收。 0: 禁用接收器。1: 使能接收器
5	SLAVE	0	R/W	SPI 主模式或者从模式选择。 0: SPI 主模式。1: SPI 从模式
4	FE	0	R/W0	UART 数据帧错误状态。 0: 无数据帧错误。 1: 收到不正确的停止位
3	ERR	0	R/W0	UART 奇偶错误状态。 0: 无奇偶错误检测。 1: 收到奇偶错误
2	RX_BYTE	0	R/W0	接收字节状态。URAT 模式和 SPI 从模式。当读 U0DBUF 该位自动清除，通过写 0 清除，这样可有效丢弃 U0DBUF 中的数据。 0: 没有收到字节。 1: 准备好接收字节

位	名称	复位	操作	描述
1	TX_BYTE	0	R/W0	传输字节状态：URAT 模式和 SPI 主模式。 0：字节没有被传输。 1：写到数据缓存寄存器的最后字节被传输
0	ACTIVE	0	R	USART 发送/接收主动状态，在 SPI 从模式下该位等于从模式选择。 0：USART 空闲 1：在发送或者接收模式 USART 忙碌

2. UxUCR——USARTx UART 控制寄存器

CC2530 单片机串口模块提供了奇偶校验功能。UxUCR 寄存器中的第 3、4、5 位分别用于奇偶检验或第 9 位数据的应用。UxUCR 寄存器如表 6-3 所示。

奇偶校验是一种校验数据传输正确性的方法，它根据被传输的一组二进制数据中"1"的个数是奇数或偶数来进行校验。选用奇数进行的校验称为奇校验，选用偶数的称为偶校验。

通信双方在通信前，确定是选用奇校验还是偶校验，然后专门设置一个校验位，用它使输出数据中"1"的个数为奇数或偶数。例如选用奇校验，当接收端收到这组数据时，校验其中"1"的个数是否为奇数，从而确定传输数据的正确性。奇偶校验能够检测出数据传输过程中的部分误码，但是不能实现纠错。

表 6-3　UxUCR 寄存器

位	名称	复位	操作	描述
7	FLUSH	0	R0/W1	清除单元。当设置此位时，会立即停止当前操作并且返回单元的空闲状态
6	FLOW	0	R/W	UART 硬件流禁止与使能。用 RTS 和 CTS 引脚选择硬件流控制的使用。 0：禁止流控制。1：使能流控制
5	D9	0	R/W	UART 奇偶校验位。当使能奇偶校验时，写入 D9 的值决定发送数据的第 9 位的值，如果收到的第 9 位的值与收到字节的奇偶校验位不匹配，接收时报告错误。如果奇偶校验使能，可以设置以下奇偶校验类型。 0：奇校验。1：偶校验
4	BIT9	0	R/W	UART 9 位数据使能。当该位是 1 时，使能奇偶校验位（第 9 位）传输。如果通过 PARITY 使能奇偶校验，则第 9 位的内容是通过 D9 给出的。 0：8 位传输。1：9 位传输
3	PARITY	0	R/W	UART 奇偶校验使能。 0：禁用奇偶校验。1：使能奇偶校验
2	SPB	0	R/W	UART 停止位的位数。选择要传输的停止位的位数。 0：1 位停止位。1：2 位停止位
1	STOP	1	R/W	UART 停止位的电平，必须不同于起始位的电平。 0：停止位低电平。1：停止位高电平
0	START	0	R/W	UART 起始位电平。闲置线的极性采用与选择的起始位级别电平相反的电平。 0：起始位低电平。1：起始位高电平

进行串口通信的双方约定使用相同的奇偶校验，假如使用奇校验，需要将 UxUCR 寄存器的第 3、4 位设置为 1，第 5 位设置为 0，相关代码如下。

```
1. U0UCR |= 0x08;        // 使能 UART 奇偶校验
2. U0UCR |= 0x10;        // UART 9 位数据使能，串口通信传输 9 位数据
3. U0UCR &=~ 0x20;       // 设置奇偶校验类型为奇校验
```

使用奇偶校验后，接收数据方可以通过 USART0 的奇偶错误状态位 U0CSR.ERR 来查看接收到的数据是否有误，从而确定是否使用数据或者请求重发数据。

3. UxDBUF——USARTx 接收/发送数据缓冲寄存器

UxDBUF 寄存器是串口在接收或发送数据时使用的数据缓冲寄存器，即串口接收数据后，将数据放到 UxDBUF 寄存器中，同理，串口发送数据的时候，也从 UxDBUF 中发出数据。UxDBUF 寄存器描述如表 6-4 所示。

表 6-4　UxDBUF 寄存器

位	名称	复位	操作	描述
7:0	DATA[7:0]	0x00	R/W	USART 接收和发送数据。 数据写入该寄存器的时候被写到内部发送数据寄存器。读取该寄存器的时候数据来自内部读取数据寄存器

例如，USART0 发送数据时，将一个字节的数据送入 U0DBUF，该寄存器将 8 位数据通过 TX 引脚一位一位地发送出去。串口发送数据示意图如图 6-3 所示。

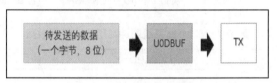

图 6-3　串口发送数据示意图

USART0 接收数据时，从接收引脚 RX 一位一位地接收数据，将其存入 U0DBUF 中，最后得到一个字节的数据。串口接收数据示意图如图 6-4 所示。

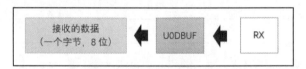

图 6-4　串口接收数据示意图

4. UxGCR——USARTx 通用控制寄存器；UxBAUD——USARTx 波特率控制寄存器

当串口运行在 UART 模式时，由 UxGCR.BAUD_E[4:0]和 UxBAUD.BAUD_M[7:0]来定义内部波特率发生器的波特率。UxGCR 寄存器和 UxBAUD 寄存器分别如表 6-5、表 6-6 所示。

表 6-5　UxGCR 寄存器

位	名称	复位	操作	描述
7	CPOL	0	R0/W1	SPI 时钟极性。 0: 负时钟极性。1: 正时钟极性
6	CPHA	0	R/W	SPI 时钟相位。 0: 当 SCK 从 0 到 1 时数据输出到 MOSI，当 SCK 从 1 到 0 时 MISO 数据输入。 1: 当 SCK 从 1 到 0 时数据输出到 MOSI，当 SCK 从 0 到 1 时 MISO 数据输入

续表

位	名称	复位	操作	描述
5	ORDER	0	R/W	发送位顺序。 0：LSB 先发送。1：MSB 先发送
4:0	BAUD_E[4:0]	00000	R/W	波特率指数值。BAUD_E 和 BAUD_M 决定了 UART 波特率和 SPI 的主 SCK 时钟频率

表 6-6 UxBAUD 寄存器

位	名称	复位	操作	描述
7:0	BAUD_M[7:0]	0x00	R/W	波特率小数部分的值。BAUD_E 和 BAUD_M 决定了 UART 的波特率和 SPI 的主 SCK 时钟频率

32MHz 系统时钟常用的波特率设置如表 6-7 所示。波特率的计算公式如式 6-1 所示。

$$\frac{(256+\text{BAUD\_M})2^{\text{BAUD\_E}}}{2^{28}}f \qquad\qquad (6\text{-}1)$$

式（6-1）中，f 为振荡频率，值为 32MHz，BAUD_M 和 BAUD_E 的值按照表 6-7 进行赋值。例如，要设置波特率为 57600bit/s，则 BAUD_M 和 BAUD_E 的值分别为 216 和 10。

表 6-7 32MHz 系统时钟常用的波特率设置

波特率/(bit·s⁻¹)	BAUD_M	BAUD_E
2400	59	6
4800	59	7
9600	59	8
14400	216	8
19200	59	9
28800	216	9
38400	59	10
57600	216	10
76800	59	11
115200	216	11
230400	216	12

5. CLKCONCMD——时钟控制命令寄存器

CLKCONCMD 寄存器如表 6-8 所示。该寄存器的第 6 位（OSC）可以用来选择系统时钟源，当时钟源选择完毕且稳定运行后，再设置第 2 到第 0 位（CLKSPD），即可实现对当前系统时钟频率的设置。需要注意，CLKSPD 可以设置为任意值，但是结果受 OSC 设置的限制，即如果 OSC 值是 1，且 CLKSPD 设置为 000，则 CLKSPD 读出来的是 001，且实际 TICKSPD 是 16MHz。

表 6-8　CLKCONCMD 寄存器

位	名称	复位	操作	描述
7	OSC32K	1	R/W	32kHz 时钟振荡器选择。设置该位只能发起一个时钟源改变。CLKCONSTA.OSC32K 反映当前的设置。当要改变该位时，必须选择 16MHz RC 振荡器作为系统时钟源。 0：32kHz 晶振。1：16kHz RC 振荡器
6	OSC	1	R/W	系统时钟源选择。设置该位只能发起一个时钟源改变。CLKCONSTA.OSC 反映当前的设置。 0：32MHz 晶振。1：16MHz RC 振荡器
5:3	TICKSPD[2:0]	001	R/W	定时器标记输出设置。不能高于通过 OSC 位设置的系统时钟频率。 000：32MHz。001：16MHz。 010：8MHz。011：4MHz。 100：2MHz。101：1MHz。 110：500kHz。111：250kHz
2:0	CLKSPD	001	R/W	当前系统时钟频率。不能高于通过 OSC 位设置的系统时钟频率。 000：32MHz。001：16MHz。 010：8MHz。011：4MHz。 100：2MHz。101：1MHz。 110：500kHz。111：250kHz

　　CLKCONCMD 寄存器的第 5 到第 3 位（TICKSPD[2:0]）是定时/计数器标记输出设置位，即通过该位可以设置定时/计数器的计数频率。注意，TICKSPD[2:0]可以设置为任意值，但是结果受 OSC 设置的限制，即如果 OSC 的值是 1，且 TICKSPD[2:0]设置为 000，则 TICKSPD[2:0]读出来的是 001，且实际 TICKSPD[2:0]是 16MHz。

6. CLKCONSTA——时钟控制状态寄存器

　　CLKCONSTA 寄存器如表 6-9 所示。系统时钟频率是从所选的主系统时钟源获得的，主系统时钟源可以是 32MHz 晶振或 16MHz RC 振荡器。CLKCONCMD 寄存器的 OSC 位用来选择主系统时钟的振荡源。CC2530 单片机启动时，默认使用 16 MHz RC 振荡器。CLKCONSTA 寄存器是只读寄存器，用来查看 CLKCONCMD 相关位改变后的结果。

表 6-9　CLKCONSTA 寄存器

位	名称	复位	操作	描述
7	OSC32K	1	R	当前选择的 32kHz 振荡器。 0：32kHz 晶振。1：16kHz RC 振荡器
6	OSC	1	R	当前选择的系统时钟源。 0：32MHz 晶振。1：16MHz RC 振荡器
5:3	TICKSPD[2:0]	001	R	当前设置的定时器标记输出。 000：32MHz。001：16MHz。 010：8MHz。011：4MHz。 100：2MHz。101：1MHz。 110：500kHz。111：250kHz
2:0	CLKSPD	001	R/W	当前时钟频率。 000：32MHz。001：16MHz。 010：8MHz。011：4MHz。 100：2MHz。101：1MHz。 110：500kHz。111：250kHz

要改变系统时钟源频率，首先要改变振荡源，即改变 CLKCONCMD.OSC 位，该位改变后，不会立即改变系统时钟源。当 CLKCONSTA.OSC 位与 CLKCONCMD.OSC 相同时，系统时钟源改变才生效。之后，再改变系统时钟源的频率，如将 CLKCONCMD. CLKSPD 设置为 000，这样系统时钟源的频率才设置为 32MHz。

在本项目中，串口工作时需要设置系统时钟源的频率为 32MHz。所以，需要采用 32MHz 晶振。其代码如下。

```
1. CLKCONCMD &=~ 0x40;        //设置时钟源为 32MHz 晶振
2. while(CLKCONSTA & 0x40);   //等待外部晶振稳定
3. CLKCONCMD &=~ 0x07;        //将时钟频率设置为 32MHz
```

使用 32 MHz 晶振后，最好将 16 MHz 晶体振荡器关闭。在本任务中先不处理。

任务分析

6.1.5 分析流程图

本任务实现思路及实现步骤如下。

（1）对 USART0 的使用位置、工作方式和波特率进行设置。

（2）对 T1 进行设置。

（3）定时时间 2s 到达后，USART0 向 PC 发送数据"Hello，PC"。

（4）重复执行步骤（3）。

串口发送数据到 PC 的流程示意图如图 6-5 所示。

6.1.3 任务分析

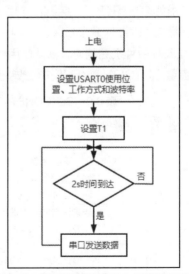

图 6-5 串口发送数据到 PC 的流程示意图

6.1.6 分析电路图

要实现 CC2530 单片机和 PC 进行串行通信，需要了解常用的串行通信接口标准。常用的串行通信接口标准有 RS-232C、RS-422A 和 RS-485 等。由于 CC2530 单片机的输入、输出电平是 TTL 电平，PC 使用的串行通信接口是 RS-232 标准接口，两者的电气规范不一致，要完成两者的通信，就需要在两者之间进行电平转换。CC2530 单片机和 PC 进行串行通信示意图如图 6-6 所示。

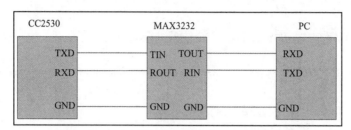

图 6-6　CC2530 单片机和 PC 进行串行通信示意图

CC2530 单片机的串行通信接口电路图如图 6-7 所示。可以看出，在 CC2530 开发板上，CC2530 单片机的 P0_2、P0_3 引脚分别连接到 MAX3232 的 12、11 引脚，MAX3232 的其他引脚与串口 DB9 的引脚相连。DB9 再通过转接线与 PC 相连。使用该 CC2530 开发板与 PC 通信，必须使用 USART0 的位置 1。

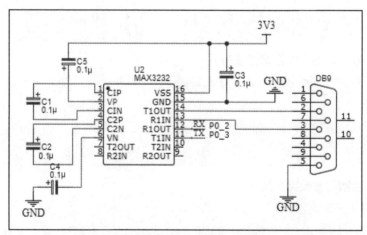

图 6-7　CC2530 单片机的串行通信接口电路图

PC 串行通信接口采用 RS-232C 逻辑电平，该方式规定逻辑 0 的电压为 5V~15V，逻辑 1 的电压为-15V~-5V。CC2530 单片机采用 TTL 电平，该方式规定逻辑 0 的电压小于 0.8V，逻辑 1 的电压大于 2.4V。由于 CC2530 单片机的 TTL 电平和 PC 的 RS-232C 逻辑电平的电气特性完全不同，因此两者通信必须经过 MAX3232 芯片进行电平转换。

任务实现

　　实施本任务主要包括创建工程、导入头文件、编写串口初始化函数、编写串口传输数据函数、编写中断服务函数。

微课

6.1.4　任务实现

6.1.7　创建工程

创建项目 6 的工程。在 D:\CC2530 目录下新建文件夹 ws6。新建工作区并命名为 ws6，新建 Project 并命名为 Project1，两者都保存在 ws6 文件夹中。之后，新建 code1.c 文件并添加到 Project1 中。

参考项目 1 的配置方式，对该工程的 3 个位置进行配置。

6.1.8　导入头文件

在 code1.c 文件中导入 ioCC2530.h 文件。

6.1.9　编写串口初始化函数

串口初始化主要包括设置 I/O 引脚、USART0 的工作方式和波特率等。

1. 设置 I/O 引脚

本任务中 USART0 使用位置 1，P0_2、P0_3、P0_4、P0_5 引脚用作外设 I/O 引脚，采用 UART 方式，代码如下。

```
1. PERCFG = 0x00;      //USART0 使用位置 1
2. P0SEL = 0x3c;       //P0_2、P0_3、P0_4、P0_5 引脚作为外设 I/O 引脚
```

2. 设置 USART0 的工作方式和波特率

设置 USART0 为 UART 模式。当系统时钟频率为 32MHz 时，为获得 57600bit/s 的波特率，需要进行如下设置。

```
1. U0CSR |= 0x80;   //设置 USART0 为 UART 模式
2. U0BAUD = 216;
3. U0GCR = 10;      //设置波特率为 57600bit/s
```

3. 完成串口初始化函数完整代码

串口初始化函数完整代码如下。

```
1. void init_USART0()
2. {
3.     PERCFG = 0x00;
4.     P0SEL |= 0x3c;
5.     U0CSR |= 0x80;    //设置 USART0 为 UART 模式
6.     U0BAUD = 216;
7.     U0GCR = 10;       //设置波特率为 57600bit/s
8.     U0UCR |= 0x80;
9.     UTX0IF = 0;       //清除 USART0 TX 中断标志位
10.}
```

6.1.10　编写串口传输数据函数

CC2530 单片机串口初始化完毕后，向 USART0 接收/发送数据缓冲寄存器 U0DBUF 写入数

据，该数据通过 TX 引脚发送出去。数据发送完毕，中断标志位 UTX0IF 被置位。程序通过检测 UTX0IF 来判断数据是否发送完毕。

串口发送数据函数实现如下。

```
1.  void USART0_send_data(unsigned char* str)
2.  {
3.    while(*str!='\0')
4.    {
5.      U0DBUF = *str;        //将要发送的 1 字节数据写入 U0DBUF
6.      while(!UTX0IF);       //等待 TX 的中断标志位置位，即 U0DBUF 就绪
7.      UTX0IF = 0;           //清除 TX 的中断标志位
8.      str++;                //str 指向下一个字符
9.    }
10. }
```

6.1.11　编写中断服务函数

对定时/计数器 T1 进行设置，T1 定时一次的时间为 0.4s。在程序中，定义全局变量 counter 来统计 T1 的定时次数，代码如下。

```
1.  unsigned int counter = 0; //统计 T1 定时次数
```

在 T1 的中断服务函数中，通过设定不同的定时次数实现串口发送数据时间间隔的调整。T1 中断服务函数的代码如下。

```
1.  #pragma vector = T1_VECTOR     //T1 中断服务函数
2.  __interrupt void T1_ISR()
3.  {
4.      counter++;
5.      T1STAT &=~ 0x01;           //清除通道 0 中断标志位
6.  }
```

6.1.12　完成任务完整代码

本任务的完整代码如下。

```
1.  #include "ioCC2530.h"
2.
3.  unsigned int counter = 0; //统计 T1 定时次数
4.
5.  void init_USART0()
6.  {
7.    PERCFG = 0x00; //USART0 使用位置 1
8.    P0SEL = 0x3C;  //设置 P0_2、P0_3、P0_4、P0_5 引脚作为外设 I/O 引脚
9.    U0CSR |= 0x80; //设置 USART0 为 UART 模式
10.   U0BAUD = 216;
11.   U0GCR = 10;    //设置波特率
```

単片机技术基础与应用（CC2530）（微课版）

```
12.    U0UCR |= 0x80;
13.    UTX0IF = 0;        //清除 USART0 的 TX 的中断标志位
14.}
15.
16.void init_T1()
17.{
18.    CLKCONCMD &=~ 0x40;        //设置时钟源为 32MHz 晶振
19.    while(CLKCONSTA & 0x40);   //等待外部晶振稳定
20.    CLKCONCMD &=~ 0x07;        //设置时钟频率为 32MHz
21.    T1CTL = 0x0E;              //设置分频系数为 128，模模式，并开始启动
22.    T1CCTL0 |= 0x04;           //设定 T1 通道 0 为输出比较模式
23.    T1CC0L = 50000&0xFF;       //把 50000 的低字节写入 T1CC0L
24.    T1CC0H = ((50000&0xFF00)>>8);//把 50000 的高字节写入 T1CC0H
25.    T1IF = 0;                  //清除 T1 的中断标志位
26.    T1STAT &=~ 0x01;           //清除通道 0 的中断标志位
27.    TIMIF &=~ 0x40;            //禁止 T1 产生溢出中断
28.    IEN1 |= 0x02;              //使能 T1 的中断
29.    EA = 1;                    //使能中断系统控制位
30.}
31.
32.void USART0_send_data(unsigned char* str)
33.{
34.    while(*str! = '\0')
35.    {
36.      U0DBUF = *str;        //将要发送的 1 字节数据写入 U0DBUF
37.      while(!UTX0IF);       //等待 TX 中断标志位置位，即 U0DBUF 就绪
38.      UTX0IF = 0;           //清除 TX 中断标志位
39.      str++;                //str 指向下一个字符
40.    }
41.}
42.
43.#pragma vector = T1_VECTOR
44.__interrupt void T1_ISR()
45.{
46.    counter++;          //统计 T1 的定时次数
47.    T1STAT &=~ 0x01;    //清除通道 0 的中断标志位
48.}
49.
50.void main()
51.{
52.    init_ T1();
53.    init_USART0();
54.    while(1)
55.    {
56.      if(counter >= 5) //T1 定时一次的时间是 0.4s，定时 5 次的时间为 2s
57.      {
58.        counter = 0;
59.        USART0_Send_Data("Hello,PC\n");
60.      }
61.    }
62.}
```

6.1.13 烧写可执行文件并查看实验效果

编译程序并生成可执行文件，将其烧写到 CC2530 单片机中。通过 USB 转串口线将 CC2530 开发板连接到 PC 的 USB，在 PC 上通过串口调试助手查看 CC2530 单片机发送的字符信息。

在使用串口调试助手时，需要注意如下几点。

（1）根据 PC 串口连接情况选择正确的串口号。如果使用 USB 转串口线连接，就需要安装好驱动程序。通过 PC 的设备管理器确定正确的串口号。查看端口号示意图如图 6-8 所示。

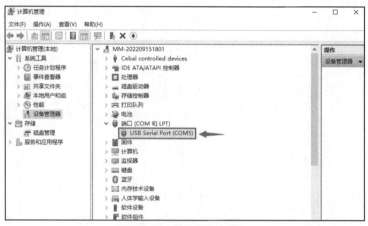

6.1.5 实验效果

图 6-8　查看端口号示意图

（2）在串口调试助手中选择正确的串口参数：波特率为 57600bit/s，无奇偶校验位，1 位停止位。因为前面的程序中设置 CC2530 单片机的串口波特率是 57600bit/s，所以串口调试助手的波特率也需要设置为 57600bit/s。

（3）接收模式选择 ASCII 模式。PC 端串口调试助手接收到的字符信息示意图如图 6-9 所示。每隔一段时间，就收到"Hello, PC"字符串。

图 6-9　PC 端串口调试助手接收到的字符信息示意图

技能提升

6.1.14 增加数据发送指示灯

在本任务的实现中，通过串口调试助手可以看到 CC2530 单片机每隔 2s 发送一次数据给 PC。在实际项目中，常常采用指示灯来给用户提示信息。例如，添加 D4 为提示灯，当达到定时时间后，D4 点亮，当数据发送完成后，D4 熄灭。

完整代码如下。

```
1.  #include "ioCC2530.h"
2.
3.  #define D4 P1_1
4.
5.  unsigned int counter = 0; //统计 T1 定时次数
6.  char data[] = "Hello,PC\n";
7.
8.  void init_D4()
9.  {
10.   P1SEL &=~ 0x02;
11.   P1DIR |= 0x02;
12. }
13.
14. void init_USART0()
15. {
16.   PERCFG = 0x00;  //USART0 使用位置 1
17.   P0SEL = 0x3C;   //设置 P0_2、P0_3、P0_4、P0_5 引脚作为外设 I/O 引脚
18.   U0CSR |= 0x80;  //设置 USART0 为 UART 模式
19.   U0BAUD = 216;
20.   U0GCR = 10;     //设置波特率为 57600bit/s
21.   U0UCR |= 0x80;
22.   UTX0IF = 0;     //清除 USART0 的 TX 的中断标志位
23. }
24.
25. void init_T1()
26. {
27.   CLKCONCMD &=~ 0x40;        //选择时钟源为外部晶振
28.   while(CLKCONSTA & 0x40);   //等待外部晶振稳定
29.   CLKCONCMD &=~ 0x07;        //设置时钟频率为 32MHz
30.   T1CTL = 0x0E;              //设置 128 分频，模模式，并启动
31.   T1CCTL0 |= 0x04;           //设定 T1 通道 0 输出比较模式
32.   T1CC0L = 50000&0xFF;       //把 50000 的低字节写入 T1CC0L
33.   T1CC0H = ((50000&0xFF00)>>8);//把 50000 的高字节写入 T1CC0H
34.   T1IF = 0;                  //清除 T1 的中断标志位
35.   T1STAT &=~ 0x01;           //清除通道 0 的中断标志位
36.   TIMIF &=~ 0x40;            //禁止 T1 产生溢出中断
37.   IEN1 |= 0x02;              //使能 T1 的中断
38.   EA = 1;                    //使能中断系统控制位
```

```
39.}
40.
41.void USART0_send_data(unsigned char data)
42.{
43.    U0DBUF = data;      //将要发送的 1 字节数据写入 U0DBUF
44.    while(!UTX0IF);  //等待 TX 的中断标志位置位，即 U0DBUF 就绪
45.    UTX0IF = 0;        //清除 TX 的中断标志位
46.}
47.
48.#pragma vector = T1_VECTOR
49.__interrupt void T1_ISR()
50.{
51.  counter++;           //统计 T1 的定时次数
52.  T1STAT &=~ 0x01;    //清除通道 0 的中断标志位
53.}
54.
55.void main()
56.{
57.  init_D4();
58.  init_T1();
59.  init_USART0();
60.  int i = 0;
61.  while(1)
62.  {
63.    if(counter >= 10) //T1 定时一次的时间是 0.2 秒，定时 10 次的时间为 2 秒
64.    {
65.      counter = 0;
66.      D4 = 1;
67.      for(i = 0; data[i] != '\0';i++)
68.      {
69.        USART0_send_data(data[i]);
70.      }
71.      D4 = 0;
72.    }
73.  }
74.}
```

任务 6.2 PC 控制 LED 的亮与灭

任务目标

1. 进一步掌握 CC2530 单片机串口模块的配置和使用方法；
2. 掌握 CC2530 单片机串口接收数据的实现方式，包括查询方式和中断方式。

任务要求

实现用 PC 控制 CC2530 开发板 D3、D4 的亮与灭。

PC 通过串口调试助手发送数据给 CC2530 单片机，CC2530 单片机通过串口进行数据的接收，对接收到的数据进行分析，并控制 D3、D4 的亮与灭。PC 与 CC2530 单片机

微课

6.2.1 任务要求
和基础知识

约定一个数据格式，表示控制的是 D3 的亮与灭还是 D4 的亮与灭。

知识链接

6.2.1 串口接收数据的方式

编程中，通常用查询方式和中断方式这两种方式来实现串口接收数据。

1. 采用查询方式实现串口接收数据

CC2530 单片机在接收数据完毕后，中断标志位 TCON.URXxIF 被置位，程序通过检测 TCON.URXxIF 来判断 USARTx 是否接收到数据。采用查询方式接收数据实际上是指在程序中不断地查询中断标志位 TCON.URXxIF 是否置位。如果查询到 TCON.URXxIF 没有置位，说明没有接收到数据，程序继续查询、等待；如果查询到 TCON.URXxIF 置位，说明程序中接收到数据，程序将 TCON.URXxIF 手动清零，并将接收/发送数据缓冲寄存器 UxDBUF 中的数据赋值给变量，完成数据的接收。

2. 采用中断方式实现串口接收数据

程序初始化时，设置 IEN0.URXxIE 的值为 1，即使能 USARTx 的接收中断。CC2530 单片机在数据接收完毕后，中断标志位 TCON.URXxIF 被置位，产生串口接收数据的中断请求。在中断服务函数中，对中断标志位 TCON.URXxIF 手动清零，将接收/发送数据缓冲寄存器 UxDBUF 中的数据赋值给变量，完成数据接收。

6.2.2 与串口接收数据功能相关的寄存器

微课

6.2.2　相关寄存器

UxCSR，即 USARTx 控制和状态寄存器（x 取值为 0 或 1），具体如表 6-10 所示。从该表中可以看出，UxCSR 的第 7 位（MODE）是 USARTx 的模式选择位，设置为 0 表示采用 SPI 模式，设置为 1 表示采用 UART 模式，该位默认值是 0；UxCSR 的第 6 位是 UART 接收器使能位。在配置 UART 异步模式后，通过设置 UxCSR.RE 的值，控制串口接收器是否允许接收数据。当 UxCSR.RE 的值为 1 时，USARTx 开始接收数据，在 RX 引脚检测、寻找有效的起始位，并且设置 UxCSR.ACTIVE 的值为 1。当检测到有效的起始位时，收到的字节数据就传送到接收/发送数据缓冲寄存器 UxDBUF。程序通过 UxDBUF 获取接收到的字节数据，当 UxDBUF 中的数据被读出时，UxCSR.RX_BYTE 位由硬件清零。

表 6-10　UxCSR 寄存器

位	名称	复位	操作	描述
7	MODE	0	R/W	USART 模式选择。 0：SPI 模式。1：UART 模式
6	REN	0	R/W	UART 接收器使能。注意在 UART 完全配置之前不使能接收。 0：禁用接收器。1：使能接收器
5	SLAVE	0	R/W	SPI 主模式或者从模式选择。 0：SPI 主模式。1：SPI 从模式

续表

位	名称	复位	操作	描述
4	FE	0	R/W0	UART 数据帧错误状态。 0：无数据帧错误。 1：接收到不正确的停止位
3	ERR	0	R/W0	UART 奇偶错误状态。 0：无奇偶错误检测。 1：接收到奇偶错误
2	RX_BYTE	0	R/W0	接收字节状态。URAT 模式和 SPI 从模式。当读 U0DBUF 该位自动清除，通过写 0 清除，这样有效丢弃 U0DBUF 中的数据。 0：没有接收到字节。 1：准备好接收字节
1	TX_BYTE	0	R/W0	发送字节状态。URAT 模式和 SPI 主模式。 0：字节没有被发送。 1：写到接收/发送数据缓冲寄存器的最后字节被发送
0	ACTIVE	0	R	USART 发送/接收主动状态，在 SPI 从模式下该位等于从模式选择。 0：USART 空闲。 1：在发送或者接收模式 USART 忙碌

6.2.3 串口控制命令的格式

PC 通过串口助手发送字符串控制 LED 的亮灭，需要约定字符串的命令格式。本任务中需要控制 D3 和 D4，这两个灯有亮、灭两种状态，所以在字符串中要有两个部分来描述控制对象和其状态。

字符串分为 3 部分：命令开始标志、LED 序号和亮灭状态，比如"*4O"。

命令开始标志是字符"*"，当串口接收到字符"*"时，标志着开始接收控制命令。LED 的序号使用数字表示，使用一个字节数据。D3、D4 分别用数字 3、4 表示。LED 的亮、灭两种状态使用大写字母"O"和"C"表示，使用一个字节数据。"O"表示点亮 LED；"C"表示熄灭 LED。

CC2530 单片机的串口接收到字符串后，按照约定的格式分析、执行。例如，若接收到字符串"*4O"，则点亮 D4。

任务分析

6.2.4 分析流程图

本任务的实施思路及实现步骤如下。

（1）CC2530 开发板上电后，CC2530 单片机的串口处于等待接收数据的状态，且 D3 和 D4 处于熄灭状态。

（2）PC 按照现有的命令格式向 CC2530 单片机发送控制 LED 亮灭的控制命令。

（3）CC2530 单片机接收并处理 PC 发送的命令，并根据命令点亮或者熄灭相应的 LED。

根据任务要求，PC 控制 D3、D4 亮灭状态的流程示意图如图 6-10 所示。

微课

6.2.3 任务分析

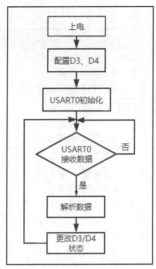

图 6-10　PC 控制 D3、D4 亮灭状态的流程示意图

6.2.5　分析电路图

　　该部分电路图与项目 2 中任务 2.1 的电路图相同，具体见图 2-7、图 2-8。通过电路图可知，D3、D4 分别连接到引脚 P1_0 和 P1_1。分析本项目任务 6.1 的电路图可知，PC 的 RS-232 标准串口连接 COM1（D 型 9 针接头），经过 MAX3232 完成电平转换，并与 CC2530 单片机的 USART0 串口相连。USART0 使用位置 1，数据接收端 RX 和发送端 TX 分别对应引脚 P0_2、P0_3。

6.2.4　任务实现

任务实现

　　实施本任务主要包含如下几个方面：创建工程、编写基础代码、初始化 USART0 串口、编写串口接收数据代码、编写 main 函数。

6.2.6　创建工程

　　打开 IAR 软件，参考前面项目的创建方法，在 ws6 下新建工程 Project2，新建 code2.c 文件并添加到 Project2 中。

　　参考前面项目对工程的配置方式，对本工程的 3 个位置进行配置。

6.2.7　编写基本代码

1. 导入头文件

在 code2.c 文件中导入 ioCC2530.h 头文件。

2. 设置 D3 和 D4

设置 D3 和 D4，代码如下。

```
1. #define D3 P1_0
2. #define D4 P1_1
```

设置 P1_0、P1_1 引脚为通用 I/O 引脚，并设置为输出方向，相关代码如下。

```
1. P1SEL &=~ 0x03;
2. P1DIR |= 0x03;
```

6.2.8 初始化 USART0 串口

USART0 串口的初始化包括配置 I/O 引脚使用外设功能、配置 USART0 的控制和状态寄存器、配置串口工作的波特率。

1. 配置 I/O 引脚使用外设功能

本任务配置 P0_2、P0_3、P0_4、P0_5 引脚使用外设功能，相关代码如下。

```
1. PERCFG = 0x00;    //USART0 使用位置 1
2. P0SEL = 0x3c;       //P0_2、P0_3、P0_4、P0_5 引脚分别作为串口 RX、TX、CT、RT
```

2. 配置 USART0 的控制和状态寄存器

USART0 使用 UART 模式，清除 USART0，返回到空闲状态，相关代码如下。

```
1. U0CSR |= 0x80;   //UART 模式
2. U0UCR |= 0x80;   //清除 USART0，返回到空闲状态
```

3. 配置串口工作的波特率

配置串口的波特率为 57600bit/s，相关代码如下。

```
1. U0BAUD = 216;
2. U0GCR = 10;
```

6.2.9 编写串口接收数据代码

PC 与 CC2530 单片机通过串口通信发送字符串控制 LED 的亮灭，对接收数据的处理是本任务的关键。

串口 USART0 接收到数据后，将其与字符 "*" 进行比较，判断接收到的是不是控制命令起始字符。如果是，则将控制命令起始字符保存到数据缓存数组的首位，即 buff_RxDat[0]，同时复位数据缓存数组的指针 uIndex；如果不是，则判断串口 USART0 是否正在接收控制命令，将正在接收的控制命令字符分别存入 buff_RxDat[1]和 buff_RxDat [2]。具体代码如下。

```
1. uchar c;
2. c = U0DBUF;                 //读取接收到的字符
3. if(c == '*')
4. {
5.    buff_RxDat[0] = c;        //将控制命令起始字符存入数据缓存数组
6.    uIndex = 0;
7. } else if(buff_RxDat[0] == '*')   {
8.    //数据缓存数组中有起始字符，正在接收控制命令
9.    uIndex++;
10.   buff_RxDat[uIndex] = c;
11.}
```

CC2530 单片机接收到完整的控制命令后，将控制命令中 LED 的编号和点亮、熄灭的控制信息分别解析出来。用 switch…case 语句控制相应的 LED，代码如下。

```
1. onoff = buff_RxDat[2] == 'O'?1:0;
2. switch(buff_RxDat[1])
3. {
4.   case '3':
5.     D3 = onoff;
6.     break;
7.   case '4':
8.     D4 = onoff;
9.     break;
10.}
```

接下来重点研究以下代码。

```
1. onoff = buff_RxDat[2] == 'O'?1:0;
```

这行代码用来对 buff_RxDat[2]的值进行判断，从而决定 onoff 的值。运算符==?:是一个三元运算符，它在该行代码中的意思是判断 buff_RxDat[2]的值是否为大写字母"O"，如果是，那么 buff_RxDat[2]=='O'?1:0 的值为 1，否则，该式子的值为 0，之后将式子的值赋给变量 onoff。

6.2.10　编写主循环代码

在程序主循环中，使用 if 语句判断 USART0 接收数据中断标志位 URX0IF 的值是否置位，如果置位则说明串口接收到数据。程序主循环的参考代码如下。

```
1. while(1)
2. {
3.   if(URX0IF)
4.   {
5.     URX0IF = 0;        //清除 URX0IF 中断标志位
6.     receive_data();    //调用接收数据处理函数
7.   }
8. }
```

6.2.11　完成任务完整代码

该任务的完整代码如下。

```
1. #include "ioCC2530.h"
2. #include <string.h>
3. #define D3 P1_0
4. #define D4 P1_1
5.
6. #define uint unsigned int
7. #define uchar unsigned char
8. #define DATABUFF_SIZE 3
```

```
9. uchar buff_RxDat[DATABUFF_SIZE+1];
10.uchar uIndex = 0;
11.
12.void init_USART0()
13.{
14.    CLKCONCMD &=~ 0x40;
15.    while(CLKCONSTA & 0x40);
16.    CLKCONCMD &=~ 0x07;
17.    PERCFG = 0x00;
18.    P0SEL = 0x3c;   //P0_2、P0_3、P0_4、P0_5 引脚分别作为串口 RX、TX、CT、RT
19.    U0BAUD = 216;
20.    U0GCR = 10;
21.    U0CSR |= 0x80;
22.    U0UCR |= 0x80;
23.    URX0IF = 0;
24.    U0CSR |= 0x40;
25.}
26.
27.void receive_data()
28.{
29.    uchar onoff = 0;
30.    uchar c;
31.    c = U0DBUF;    //读取接收到的字符
32.    if(c == '*')
33.    {
34.      buff_RxDat[0] = c; //将控制命令起始字符存入数据缓存数组
35.      uIndex = 0;
36.    } else if(buff_RxDat[0] == '*')
37.    {
38.      //数据缓存数组中有起始字符，正在接收控制命令
39.      uIndex++;
40.      buff_RxDat[uIndex] = c;
41.    }
42.    if(uIndex >= 2)
43.    {
44.      onoff = buff_RxDat[2] == 'O'?1:0;
45.      switch(buff_RxDat[1])
46.      {
47.        case '3':
48.          D3 = onoff;
49.          break;
50.        case '4':
51.          D4 = onoff;
52.          break;
53.      }
54.      for(int i = 0;i <= DATABUFF_SIZE;i++)
55.        buff_RxDat[i] = (uchar)NULL;
56.      uIndex = 0;
57.    }
58.}
```

```
59.
60.void main()
61.{
62.   P1SEL &=~ 0x03;
63.   P1DIR |= 0x03;
64.   D3 = 0;
65.   D4 = 0;
66.   init_USART0();
67.   while(1)
68.   {
69.     if(URX0IF)            //查询是否接收到数据
70.     {
71.       URX0IF = 0;         //清除URX0IF中断标志位
72.       receive_data();     //接收数据
73.     }
74.   }
75.}
```

6.2.12　烧写可执行文件并查看实验效果

编译程序并生成可执行文件，将其烧写到CC2530单片机中。在PC上，使用串口调试助手分别发送以下控制字符串：*4O，*4C，*3O，*3C。

注意，这里的O和C均是大写字母，不要将大写字母O误输入成数字0。之后，查看开发板上的D3和D4的亮/灭状态转换。

6.2.5　实验效果

技能提升

6.2.13　使用中断方式实现串口接收数据

任务6.2中判断串口是否接收到数据采用的是查询方式。串口接收到数据也可以产生中断请求，故可以通过中断方式来处理串口接收数据。设置USART0使用中断方式接收数据，完成PC通过串口向CC2530单片机发送数据，控制D3和D4的点亮与熄灭。

1. 初始化串口中断

USART0采用中断方式接收数据，要在串口初始化配置中进行设置。在任务6.2中串口初始化的基础上清除USART0的RX中断标志位，配置串口允许接收，使能中断系统控制位，代码如下。

```
1. URX0IF = 0;        //清除USART0的RX中断标志位
2. U0CSR |= 0x40;     //允许接收
3. IEN0 |= 0x04;      //使能USART0的RX中断
4. EA = 1;
```

2. 编写中断服务函数

当USART0串口接收到数据时，USART0的RX中断标志位被置位，产生中断。在主程序中不用反复查询中断标志位，而是添加 USART0 的中断服务函数，相关处理逻辑放到中断服务函数中。中断服务函数代码如下。

```
1. #pragma vector = URX0_VECTOR
2. __interrupt void URX0_ISR()
3. {
4.     URX0IF = 0;                    //清除中断标志位
5.     receive_data();                //调用接收数据处理函数
6. }
```

完整代码如下。

```
1. #include "ioCC2530.h"
2. #include <string.h>
3. #define D3 P1_0
4. #define D4 P1_1
5.
6. #define uint unsigned int
7. #define uchar unsigned char
8. #define DATABUFF_SIZE 3
9. uchar buff_RxDat[DATABUFF_SIZE+1];
10.uchar uIndex = 0;
11.
12.void init_usart0(void)
13.{
14.    CLKCONCMD &=~ 0x40;
15.    while(CLKCONSTA&0x40);
16.    CLKCONCMD &=~ 0x07;
17.    PERCFG = 0x00;
18.    P0SEL = 0x3c;
19.    U0BAUD = 216;
20.    U0GCR = 10;
21.    U0CSR |= 0x80;
22.    U0UCR |= 0x80;
23.    URX0IF = 0;          //清除 USART0 的 RX 中断标志位
24.    U0CSR |= 0x40;       //允许接收
25.    IEN0 |= 0x04;        //使能 USART0 的 RX 中断
26.    EA = 1;
27.}
28.
29.void receive_data()
30.{
31.    uchar onoff = 0;
32.    uchar c;
33.    c = U0DBUF;
34.    if(c == '*')
35.    {
36.        buff_RxDat[0] = c;
37.        uIndex = 0;
38.    }
```

```
39.  else if(buff_RxDat[0] == '*')
40.  {
41.    uIndex++;
42.    buff_RxDat[uIndex] = c;
43.  }
44.  if(uIndex >= 2)
45.  {
46.    onoff = buff_RxDat[2] == 'O'?1:0;
47.    switch(buff_RxDat[1])
48.    {
49.      case '3':
50.        D3 = onoff;
51.        break;
52.      case '4':
53.        D4 = onoff;
54.        break;
55.    }
56.    for(int i = 0;i <= DATABUFF_SIZE;i++)
57.      buff_RxDat[i] = (uchar)NULL;
58.    uIndex = 0;
59.  }
60.}
61.
62.void main()
63.{
64.  P1SEL &=~ 0x03;
65.  P1DIR |= 0x03;
66.  D3 = 0;
67.  D4 = 0;
68.  init_usart0();
69.  while(1)
70.  {
71.  }
72.}
73.
74.#pragma vector = URX0_VECTOR
75.__interrupt void URX0_ISR()
76.{
77.  URX0IF = 0;
78.  receive_data();
79.}
```

项目总结

本项目主要讲解了 CC2530 单片机串口的使用方法，包含两个任务。任务 6.1 介绍了如何使用 CC2530 单片机串口向 PC 发送数据。通过任务 6.1 的学习，读者可掌握串口相关原理和 CC2530 单片机串口的使用方法。任务 6.2 介绍了通过 PC 向 CC2530 单片机发送控制指令，串口接收到数据后，解析数据并控制 D3、D4 的亮与灭。通过任务 6.2 的学习，读者可掌握 CC2530 单片机串口数据的接收和解析方法。串口接收数据的处理方式有查询方式和中断方式两种，这与前面项目讲的按键事件处理是类似的。本项目的任务在实现过程中不仅用到了串口的知识，还用到了定时/计数器、中断、I/O 端口的相关知识。本项目是一个较为综合的项目，对于初学者来讲，有一定的难度，需要在掌握前面知识的基础上完成本项目。

课后练习

一、单选题

1. CC2530 单片机输出、输入电平是 TTL 形式，具体标准是（　　）。
   A. 0V 表示 0，12V 表示 1
   B. 0V 表示 1，12V 表示 0
   C. 0V 表示 0，5V 表示 1
   D. 0V 表示 1，5V 表示 0

2. CC2530 单片机与 RS-232 芯片进行电平转换，采用的硬件是（　　）。
   A. CC Debugger　　B. stlink
   C. MAX3232
   D. STM32F103

3. CC2530 单片机具有（　　）个串口，具有（　　）个位置。
   A. 1，1
   B. 1，2
   C. 2，1
   D. 2，2

4. 串口传输数据的单位是（　　）。
   A. Byte
   B. bit/s
   C. bit
   D. MB

5. 串口采用位置 1，使用的是（　　）端口。
   A. P0
   B. P1
   C. P2
   D. P3

6. CC2530 单片机默认采用的时钟频率是（　　）。
   A. 16MHz
   B. 32MHz
   C. 16kHz
   D. 32kHz

7. 对 CC2530 单片机设置时钟频率，需要对（　　）寄存器的第（　　）位进行设置。
   A. CLKCONCMD，7
   B. CLKCONSTA，7
   C. CLKCONCMD，6
   D. CLKCONSTA，6

8. CC2530 单片机串口采用位置 2，需要对（　　）寄存器进行处理。
   A. UxGCR
   B. UxUCR
   C. UTX0IF
   D. PERCFG

9. CC2530 单片机发送"我爱你中国"，会触发（　　）次中断。
   A. 2
   B. 10
   C. 80
   D. 160

10. 更换 CC2530 单片机的振荡器后，可通过（　　）寄存器来查看是否更换完成。
    A. CLKCONCMD
    B. CLKCONSTA
    C. U0BAUD
    D. U0UCR

11. 串行通信时，如果采用奇偶校验，则数据的第（　　）位用来校验。
    A. 1
    B. 3
    C. 5
    D. 9

12. 串行通信时，如果采用奇偶校验，就需要对 UxUCR 寄存器的（　　）位进行设置。
    A. 3、4、5
    B. 1、4、5
    C. 3、4、8
    D. 2、3、4

13. 在本项目中，PC 和 CC2530 单片机进行通信时采用（　　）方式。
    A. 串行同步通信　　B. 串行异步通信
    C. 并行通信
    D. 全双工通信

14. 将 CC2530 单片机与 PC 通过 USB 转串口线相连，在程序中设置 CC2530 单片机串口波特率为 57600bit/s，则 PC 上串口调试助手的波特率设置值是（　　　）。

    A. 38400　　　　　B. 57600　　　　　C. 115200　　　　　D. 76800

二、简答题

1. 任务 6.1 中要求是"每隔 2s 后，CC2530 单片机发送数据给 PC"，现在要求更改时间间隔为 1s，应该如何处理呢？

2. 更改任务 6.2，实现可控制 D3、D4 的亮灭，以及 D4、D3、D6、D5 流水灯的启动，具体要求如下。

（1）CC2530 开发板上电后，D4、D3、D6、D5 均熄灭。

（2）用 PC 发送数据控制灯的亮灭状态，控制格式如下：

第一个字符是'#'，表示命令开始；第二个字符是'3'，或'4'，或'5'，其中，'3'表示 D3，'4'表示 D4，'5'表示 4 个 LED；第三个字符是'1'或'0'，其中，'1'表示灯亮或流水灯运行，'0'表示灯灭或流水灯停止。

要求采用中断方式实现该任务。

项目7
简易火焰报警器的设计与实现

07

项目目标

学习目标

1. 了解模拟信号、数字信号、模数转换的相关概念；
2. 熟悉 ADC 的工作模式与过程；
3. 掌握 ADC 相关寄存器的使用方式；
4. 掌握测量火焰数据的方法；
5. 掌握简易火焰报警器的设计思路与实现方式。

素养目标

1. 树立正确的职业观；
2. 培养快速定位问题的能力。

任务 7.1　火焰强度的测量

任务目标

1. 了解模拟信号、数字信号、模数转换的相关概念；
2. 熟悉 ADC 的工作模式与过程；
3. 掌握 ADC 相关寄存器的使用方法；
4. 掌握 ADC 模块测量火焰数据的方法。

任务要求

使用 CC2530 单片机的 ADC 模块，周期性采集火焰传感器数据，并将其转换成数字量，通过串口将数据发送给 PC。PC 端通过串口调试助手来查看火焰传感器数据。

微课

7.1.1　任务要求和基础知识

知识链接

7.1.1　电信号的形式与转换

信号是信息的载体，是运载信息的工具，信号可以是光信号、声音信号、电信号等。根据电信号的表现形式，可以将信号分为模拟信号和数字信号。

模拟信号是指用连续变化的物理量所表示的信息，如温度、湿度、压力、长度、电流、电压等，通常把模拟信号称为连续信号，它在一定的时间范围内可以有无限多个不同的取值。

数字信号是指自变量是离散的、因变量也是离散的信号。这种信号的自变量用整数表示，因变量用有限数字中的一个数字来表示。在计算机中，数字信号的数值常用有限位的二进制数表示。

有些物理量（如速度、压力、温度、火焰强度、磁场等）是连续变化的，传感器将这些物理量转换成与之相对应的电压或电流信号，这种信号就是模拟信号。CC2530 单片机只能对离散的数字信号进行处理，但日常生活中的火焰强度、温度等数据是模拟信号，这就需要将模拟信号转换成数字信号。模数转换（Analog-to-Digital Conversion，ADC）是指将输入的模拟信号转换为数字信号。

分辨率是 ADC 对模拟信号的最小变化的度量，是 ADC 的一个重要的性能指标。理论上，一个 n 位输出的 ADC 能区分 2^n 个不同等级的输入模拟电压值，能区分输入电压的最小值为满量程输入的 $1/(2^n-1)$。在最大输入电压一定时，输出位数越多，分辨率越高。例如，ADC 输出 8 位二进制数，输入信号最大值为 3.3V，则能区分出输入信号的最小电压为 $3.3V/(2^8-1) \approx 12.94mV$。

7.1.2 火焰传感器简介

火焰传感器是用于检测是否有火源的传感器。火焰传感器利用红外线对火焰的亮度非常敏感的特点，使用特制的红外线接收器件来检测火焰，然后把火焰的亮度转换为高低变化的电压信号。

红外火焰传感器能够探测到波长在 700~1000nm 范围内的红外光，探测角度为 60°，其中红外光波长在 880nm 附近时，其灵敏度最大。红外火焰探头将外部红外光的强弱变化转换为电压的变化。外部红外光越强，数值越小；红外光越弱，数值越大。火焰传感器主要用于火灾消防系统，尤其是一些易燃易爆场所，用来检测是否有火焰。

7.1.3 ADC 简介

CC2530 单片机的 ADC 模块支持最高 14 位的模拟数字转换，具有最高 12 位有效数据位。ADC 模块包括 1 个模拟多路转换器，8 个可各自配置的通道，以及 1 个参考电压发生器，具有多种运行模式。ADC 模块结构示意图如图 7-1 所示。

CC2530 单片机的 ADC 模块主要有如下功能。

（1）可选的采样率，用于设置不同的有效数字位数（7~12 位）。

（2）8 个独立的输入通道，可接收单端或差分信号。

（3）参考电压可选内部参考电压、AIN7 引脚上的外部电压、AIN6-AIN7 差分输入的外部参考电压或 AVDD5 引脚电压。

（4）单通道转换结束后产生中断请求。

（5）序列转换结束时可产生 DMA 触发事件。传输数据由 DMA 负责，CPU 不需要参与。

（6）可以将片内温度传感器作为输入。

（7）电池电压测量功能。

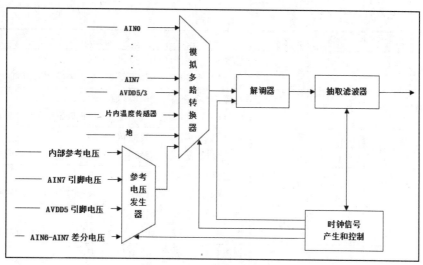

图 7-1　ADC 模块结构示意图

7.1.4　ADC 的工作模式

CC2530 单片机的 ADC 模块具有多个输入端，可以进行单通道模数转换和多通道模数转换。

1. ADC 模块的输入

P0 端口的引脚可以配置为 ADC 输入引脚，其名称为 AIN0～AIN7，ADC 的 I/O 引脚映射如表 7-1 所示。ADC 模块有两种输入模式：单端输入和差分输入。配置为单端输入时，具有 8 个输入通道，分别是 AIN0～AIN7；配置为差分输入时，具有 4 个输入通道，也称为输入对，包括输入对 AIN0-AIN1、AIN2-AIN3、AIN4-AIN5 和 AIN6-AIN7。片内温度传感器的输出也可以作为 ADC 的输入，用于测量 CC2530 单片机的温度；还可以将 AVDD5 引脚电压除以 3 的电压作为一个 ADC 输入，在实际应用中这个输入可以实现监测电池电压的功能。

表 7-1　ADC 的 I/O 引脚映射

P0_7	P0_6	P0_5	P0_4	P0_3	P0_2	P0_1	P0_0
AIN7	AIN6	AIN5	AIN4	AIN3	AIN2	AIN1	AIN0

8 位模拟量的输入来自 I/O 引脚，当使用单端输入时，相应的引脚需要设置为模拟外设输入引脚；当使用差分输入时，相应的两个引脚都需要设置为模拟外设输入引脚。P0DIR 寄存器用来设置 P0 端口各引脚的方向是输入还是输出，APCFG 寄存器用来设置 P0 端口引脚是否为模拟外设引脚，其详细描述如表 7-2 所示。

表 7-2　APCFG 寄存器

位	名称	复位	操作	描述
7	APCFG[7]	0	R/W	选择 P0_7 引脚作为模拟外设 I/O 引脚。 0：模拟外设 I/O 引脚禁用。1：模拟外设 I/O 引脚使能
6	APCFG[6]	0	R/W	选择 P0_6 引脚作为模拟 I/O 引脚。 0：模拟外设 I/O 引脚禁用。1：模拟外设 I/O 引脚使能

续表

位	名称	复位	操作	描述
5	APCFG[5]	0	R/W	选择 P0_5 引脚作为模拟 I/O 引脚。 0：模拟外设 I/O 引脚禁用。1：模拟外设 I/O 引脚使能
4	APCFG[4]	0	R/W	选择 P0_4 引脚作为模拟 I/O 引脚。 0：模拟外设 I/O 引脚禁用。1：模拟外设 I/O 引脚使能
3	APCFG[3]	0	R/W	选择 P0_3 引脚作为模拟 I/O 引脚。 0：模拟外设 I/O 引脚禁用。1：模拟外设 I/O 引脚使能
2	APCFG[2]	0	R/W	选择 P0_2 引脚作为模拟 I/O 引脚。 0：模拟外设 I/O 引脚禁用。1：模拟外设 I/O 引脚使能
1	APCFG[1]	0	R/W	选择 P0_1 引脚作为模拟 I/O 引脚。 0：模拟外设 I/O 引脚禁用。1：模拟外设 I/O 引脚使能
0	APCFG[0]	0	R/W	选择 P0_0 引脚作为模拟 I/O 引脚。 0：模拟外设 I/O 引脚禁用。1：模拟外设 I/O 引脚使能

通道号 0~7 表示单端电压输入 AIN0~AIN7。通道号 8~11 表示差分输入，它们分别由 AIN0-AIN1、AIN2-AIN3、AIN4-AIN5 和 AIN6-AIN7 组成。通道号 12~15 分别用于 GND（12）、预留通道（13）、片内温度传感器（14）和 AVDD5/3（15）。

2. 单通道模数转换与多通道模数转换

CC2530 单片机的 ADC 模块可以通过代码设置任何单通道转换，包括温度传感器（14）和 AVDD5/3（15）两个通道。单通道模数转换设置 ADCCON3 寄存器，转换立即开始。

CC2530 单片机的 ADC 模块可以按序列进行多通道模数转换，并把结果通过 DMA 传输到存储器，且不需要 CPU 参与。这种转换方式通常称为序列转换。

本任务选用较为简单的单通道模数转换进行讲解。

微课

7.1.2 相关寄存器

7.1.5 ADC 相关寄存器

ADC 有两个数据寄存器：ADCL，ADC 数据低位寄存器；ADCH，ADC 数据高位寄存器，分别如表 7-3 和表 7-4 所示。这两个寄存器用来保存模数转换结果。

表 7-3 ADCL 寄存器

位	名称	复位	操作	描述
7:2	ADC[5:0]	0000 00	R	模数转换结果的低位
1:0	—	00	R0	没有使用。读出来一直是 0

表 7-4 ADCH 寄存器

位	名称	复位	操作	描述
7:0	ADC[13:6]	0x00	R	模数转换结果的高位

从表 7-3 和表 7-4 可以看出，ADCL 使用高 6 位，ADCH 使用 8 位，故模数转换结果一共占用 14 位。模数转换结果最大值示意图如图 7-2 所示。ADCH 的最高位是符号位，ADCL 最低两位

没有使用，一直是 0，最大数值是 111 1111 1111 1100，转换成十进制是 32764。

	ADCH							ADCL							
符号	1	1	1	1	1	1	1	1	1	1	1	1	1	0	0

图 7-2　模数转换结果最大值示意图

ADC 有 3 个控制寄存器：ADCCON1、ADCCON2 和 ADCCON3，分别如表 7-5~表 7-7 所示。这些寄存器用来配置 ADC 并返回转换结果。本任务采用单通道模数转换，故需使用 ADCCON3 寄存器。

表 7-5　ADCCON1 寄存器

位	名称	复位	操作	描述
7	EOC	0	R/H0	转换结束。当 ADCH 被读取的时候清除。如果读取前一个数据之前已完成新的转换，EOC 位仍然为 1。 0: 转换没有完成。 1: 转换完成
6	ST	0	—	开始转换。读为 1，直到转换完成。 0: 没有转换正在进行。 1: 如果 ADCCON1.STSEL=11 并且没有序列转换正在运行，就启动一个序列转换
5:4	STSEL[1:0]	11	R/W1	启动选择。选择该事件，将启动一个新的序列转换。 00: P2_0 引脚的外部触发。 01: 全速。不等待触发器。 10: T1 通道 0 比较事件。 11: ADCCON1.ST=1
3:2	RCTRL[1:0]	00	R/W	控制 16 位随机数发生器。当写入 01 时，操作完成后将自动复位为 00。 00: 正常运行（13X 型展开）。 01: LFSR 的时钟一次（没有展开）。 10: 保留。 11: 停止。关闭随机数发生器
1:0	—	11	R/W	保留。一直设为 11

表 7-6　ADCCON2 寄存器

位	名称	复位	操作	描述
7:6	SREF[1:0]	00	R/W	选择用于序列转换的参考电压。 00: 内部参考电压。 01: AIN7 引脚上的外部参考电压。 10: AVDD5 引脚。 11: AIN6-AIN7 差分输入外部参考电压
5:4	SDIV[1:0]	01	R/W	设置转换序列通道的采样率。采样率决定完成转换需要的时间和分辨率。 00: 64 采样率（7 位有效数字）。 01: 128 采样率（9 位有效数字）。 10: 256 采样率（10 位有效数字）。 11: 512 采样率（12 位有效数字）

位	名称	复位	操作	描述
3:0	SCH[3:0]	0000	R/W	序列通道选择。当读取 ADC 结果的时候，它们代表正在进行转换的通道号。 0000: AIN0。 0001: AIN1。 0010: AIN2。 0011: AIN3。 0100: AIN4。 0101: AIN5。 0110: AIN6。 0111: AIN7。 1000: AIN0-AIN1。1001: AIN2-AIN3。 1010: AIN4-AIN5。1011: AIN6-AIN7。 1100: GND。 1110: 片内温度传感器。 1111: AVDD5/3

表 7-7　ADCCON3 寄存器

位	名称	复位	操作	描述
7:6	SREF[1:0]	00	R/W	选择用于单通道转换的参考电压。 00: 内部参考电压。 01: AIN7 引脚上的外部参考电压。 10: AVDD5 引脚，参考电压 3.3V。 11: AIN6-AIN7 差分输入外部参考电压
5:4	SDIV[1:0]	01	R/W	为单通道转换设置采样率。采样率决定完成转换需要的时间和分辨率 00: 64 采样率（7 位有效数字）。 01: 128 采样率（9 位有效数字）。 10: 256 采样率（10 位有效数字）。 11: 512 采样率（12 位有效数字）
3:0	SCH[3:0]	0000	R/W	单通道选择。选择写 ADCCON3 触发的单通道转换所在的通道号。当单通道转换完成时，该位自动清除。 0000: AIN0。 0001: AIN1。 0010: AIN2。 0011: AIN3。 0100: AIN4。 0101: AIN5。 0110: AIN6。 0111: AIN7。 1000: AIN0-AIN1。1001: AIN2-AIN3。 1010: AIN4-AIN5。1011: AIN6-AIN7。 1100: GND。 1110: 片内温度传感器。 1111: AVDD5/3

ADCCON3 寄存器控制单通道转换的通道、采样率和参考电压。该寄存器的低 4 位用来设置单通道，第 4、5 两位用来设置采样率，例如，这两位值为 11，则采样率为 512，即 12 位有效数字。12 位有效数字的存储分布为 ADCH 寄存器存储 7 位，ADCL 寄存器存储 5 位，且除了 ADCL 最低 2 位，其他位仍然有值，只不过值不准确，是无效数据。采样率为 512 的数据存储示意图如图 7-3 所示。

ADCH							ADCL							
符号	有效	有效	有效	有效	有效	有效	有效	有效	有效	有效	有效	无效	0	0

图 7-3　采样率为 512 的数据存储示意图

单通道转换在设置寄存器 ADCCON3 后立即发生，如果一个转换通道正在使用，则该通道使用结束之后立即进行模数转换。

任务分析

7.1.6 分析流程图

通过 CC2530 单片机的 ADC 模块转换采集的火焰强度数据，转换成电压值，并通过串口发送给 PC。本任务实现思路如下。

（1）通电后 D3 熄灭。

（2）定时 2s 后，D3 点亮，采集火焰强度数据，转换成电压值。

（3）通过 USART0 向 PC 发送表示火焰强度的电压值，然后熄灭 D3。

（4）返回步骤（2），重复执行。

ADC 工作流程图如图 7-4 所示。

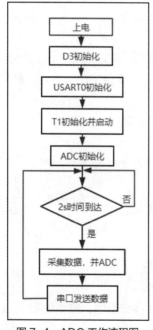

图 7-4 ADC 工作流程图

微课

7.1.3 任务分析

7.1.7 分析电路图

将火焰传感器安装到 CC2530 开发板上的排针插座上，5P 双排排针插座电路图如图 7-5 所示。火焰强度会随着红外线强度的变化而变化，火焰传感器产生连续的电压信号。CC2530 单片机使用 ADC0 通道进行电压信号的采集。CC2530 单片机 ADC0 引脚示意图如图 7-6 所示。ADC0 通道占用 19 号引脚，即 P0_0 引脚。所以，在本任务中，进行模数转换必须采用 AIN0 通道（P0_0 引脚）。

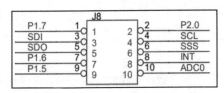

图 7-5　5P 双排排针插座电路图

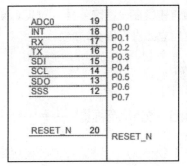

图 7-6　CC2530 单片机 ADC0 引脚示意图

7.1.4　任务实现

任务实现

完成本任务需要创建工程、编写基础代码、设置 ADCCON3 寄存器、编写 ADC 中断服务函数和编写 main 函数。

7.1.8　创建工程

创建项目 7 的工程。在 D:\CC2530 目录下新建文件夹 ws7。新建工作区并命名为 ws7，新建 Project 并命名为 Project1，两者都保存在 ws7 文件夹中。之后，新建 code1.c 文件并将其添加到 Project1 中。

参考项目 1 的配置方法，对该工程的 3 个位置进行配置。

7.1.9　编写基础代码

编写基础代码主要包括导入头文件、初始化 ADC、初始化 T1 并实现中断服务函数、初始化 D3 和初始化 USART0。

1. 导入头文件
在 code1.c 文件中导入 ioCC2530.h 文件。

2. 初始化 ADC
本任务测量通道 0 的外部电压，且模数转换结束后，需要使用 ADC 的中断服务函数进行后续的数据处理。初始化 ADC 的代码如下。

```
1. void adc_init()
2. {
3.   APCFG |= 1;
4.   P0SEL |= 0x01;
5.   P0DIR &=~ 0x01;
6.   //使能 ADC 中断
7.   ADCIE = 1;
8. }
```

3. 初始化 T1 并实现 T1 的中断服务函数

在本任务中，要求每隔 2s 采集火焰强度数据，这里使用 T1 的模模式进行定时。该部分代码可参考项目 4 的任务 4.2。

4. 初始化 D3

在本任务中，需要使用 D3 的亮和灭分别来表示火焰强度数据采集前和火焰强度数据采集后，该部分代码可参考项目 2 的任务 2.1。

5. 初始化 USART0

在本任务中，要求将表示火焰强度的电压值数据通过串口输出到 PC，以显示具体数据，可以选用 CC2530 单片机的 USART0 串口完成此功能。该部分代码可参考项目 6 的任务 6.1。

7.1.10 设置 ADCCON3 寄存器

单通道的模数转换，对 ADCCON3 寄存器设置后即可启动。采用基准电压 AVDD5（3.3V），64 采样率，通道 0。实现代码如下。

```
1. void adc_begin()
2. {
3.    ADCCON3 = 0x80;
4. }
```

7.1.11 编写 ADC 中断服务函数

ADC 中断服务函数主要包括处理模数转换结果、处理数据、通过串口输出数据等内容。

1. 处理模数转换结果

模数转换结束，需要读取 ADCH、ADCL 寄存器的值，并进行电压值的计算。

ADCH 寄存器的最高位是符号位，剩余的 7 位是数据位，ADCL 寄存器的最低两位是 0，所以模数转换结果的最大值是 0111111 11111100，转换为十进制数是 32764。采用基准电压 3.3V，测得电压值 value 与 ADCH、ADCL 寄存器值的计算公式如下。

$$value = (ADCH×256+ADCL)×330/32764 \tag{7-1}$$

虽然基准电压是 3.3V，但是由于式（7-1）中使用的是 330，因此计算出的 value 值的单位为 0.01V。

采用式（7-1）计算电压值的代码如下。

```
1. uint32 value;
2. value = ADCH;
3. value = value<<8;        //高位数据左移 8 位
4. value |= ADCL;
5. value = (value*330);     //得到分辨率为 0.01V 的数值
6. value = value>>15;       //除以 32768
```

观察式（7-1）中，value 值除以 32764。在单片机编程中，常常采用右移的方式进行除法运算。value 右移 15 位，即将 value 的值除以 32768，准确地讲，应该除以 32764。但是这里通过右移形式实现数据除法运算，不能实现除以 32764，而 32764 接近 32768，故这里采用 32768。最终计算得到的火焰强度数据以电压形式表示，分辨率是 0.01V。

2. 处理数据

获得火焰强度的电压值后，将该数值的百位、十位、个位数据分别取出，并转换为字符格式，方便后面通过串口输出，数据经处理后保存到数组 s 中。相关代码如下。

```
1. s[0] = value/100+'0';        //取百位，并转换为字符格式
2. s[1] = '.';
3. s[2] = value/10%10+'0';      //取十位，并转换为字符格式
4. s[3] = value%10+'0';         //取个位，并转换为字符格式
5. s[4] = 'V';
6. s[5] = '\n';
7. s[6] = '\0';
```

3. 通过串口输出数据

将数组 s 的数据通过串口输出到 PC，代码如下。

```
1. USART0_send_data("火焰传感器电压值:");
2. USART0_send_data(s);
```

USART0 串口给 PC 发送数据的函数是 USART0_send_data，该函数的具体代码如下。

```
1. void USART0_send_data(unsigned char* str)
2. {
3.   while(*str != '\0')
4.   {
5.     U0DBUF = *str++;
6.     while(!UTX0IF);
7.     UTX0IF = 0;
8.   }
9. }
```

4. 编写完整的 ADC 中断服务函数

ADC 中断服务函数的完整代码如下。

```
1.  #pragma vector = ADC_VECTOR
2.  __interrupt void adc_ISR(void)
3.  {
4.      ADCIF = 0;              //清除模数转换标志位
5.      uint32 value;
6.      value = ADCH;
7.      value = value<<8;      //高位数据左移 8 位
8.      value |= ADCL;
9.      value = (value*330);   //得到分辨率为 0.01V 的数值
10.     value = value>>15;     //除以 32768
11.
```

```
12.    s[0] = value/100+'0';    //取百位，并转换为字符格式
13.    s[1] = '.';
14.    s[2] = value/10%10+'0'; //取十位，并转换为字符格式
15.    s[3] = value%10+'0';     //取个位，并转换为字符格式
16.    s[4] = 'V';
17.    s[5] = '\n';
18.    s[6] = '\0';
19.
20.    USART0_send_data("火焰传感器电压值:");
21.    USART0_send_data(s);
22.    D3 = 0;
23.}
```

7.1.12 编写 main 函数

根据任务要求，端口设置初始化和 ADC 模块初始化完成后，定时/计数器中断服务函数进行 0.2s 的定时。主程序通过无限循环，每 2s 进行一次数据检测。主程序循环部分的代码如下。

```
1. while(1)
2. {
3.     if(counter == 10)  //T1 每隔 0.2s 将 counter++
4.     {
5.       counter = 0;      //counter 清零
6.       D3 = 1;           //点亮 D3
7.       adc_begin();      //ADC 开始工作
8.     }
9. }
```

main 函数中，需要对 D3、T1、USART0、ADC 的初始化函数进行调用，并使能中断系统控制位。main 函数代码如下。

```
1. void main()
2. {
3.   init_D3();        //D3 初始化
4.   init_T1();        //T1 初始化
5.   init_USART0();    //USART0 初始化
6.   init_ADC();       //ADC 初始化
7.   EA = 1;           //使能中断系统控制位
8.   while(1)
9.   {
10.    if(counter == 10) //T1 每隔 0.2S 将 counter++
11.    {
12.      counter = 0; //counter 清零
13.      D3 = 1;        //点亮 D3
14.      adc_begin(); //ADC 开始
15.    }
```

```
16.  }
17.}
```

7.1.13　完成任务完整代码

　　CC2530 单片机的 ADC 模块测量外部电路通道 0 的电压，并通过 USART0 发送电压值。整个任务的完整代码如下。

```
1. #include "ioCC2530.h"
2.
3. #include <string.h>
4. #define D3 P1_0
5. #define uint32 unsigned long
6.
7. unsigned int counter = 0;
8. unsigned char s[8];
9.
10.void init_D3()
11.{
12.  P1SEL &=~ 0x01;
13.  P1DIR |= 0x01;
14.  D3 = 0;
15.}
16.
17.void init_ADC()
18.{
19.  APCFG |= 1;
20.  P0SEL |= 0x01;
21.  P0DIR &=~ 0x01;
22.  //使能 ADC 中断
23.  ADCIE = 1;
24.}
25.
26.void adc_begin()
27.{
28.  ADCCON3 = 0x80;
29.}
30.
31.void init_USART0()
32.{
33.  PERCFG = 0x00;
34.  P0SEL = 0x3c;
35.  U0CSR |= 0x80;
36.  U0BAUD = 216;
37.  U0GCR = 10;
```

```
38.   U0UCR |= 0x80;
39.   UTX0IF = 0;              //清除 USART0 的 TX 中断标志位
40. }
41.
42. void init_T1()
43. {
44.   CLKCONCMD &=~ 0x40;
45.   while(CLKCONSTA & 0x40);
46.   CLKCONCMD &=~ 0x07;
47.   T1CTL = 0x0e;                        //设置分频系数为 128，模模式，并开始运行
48.   T1CCTL0 |= 0x04;                     //设置 T1 通道 0 为输出比较模式
49.   T1CC0L = 50000&0xff;                 //把 50000 的低 8 位写入 T1CC0L
50.   T1CC0H = ((50000&0xff00)>>8);        //把 50000 的高 8 位写入 T1CC0H
51.   T1IF = 0;           //清除 T1 的中断标志位
52.   T1STAT &=~ 0x01;    //清除通道 0 的中断标志位
53.   TIMIF &=~ 0x40;     //不产生 T1 的溢出中断
54.   IEN1 |= 0x02;       //使能 T1 的中断
55. }
56.
57. void USART0_send_data(unsigned char* str)
58. {
59.   while(*str!='\0')
60.   {
61.       U0DBUF = *str++;
62.       while(!UTX0IF);
63.       UTX0IF = 0;
64.   }
65. }
66.
67. #pragma vector = T1_VECTOR
68. __interrupt void T1_ISR(void)
69. {
70.   counter++;
71.   T1STAT &=~ 0x01;
72. }
73.
74. #pragma vector = ADC_VECTOR
75. __interrupt void adc_ISR(void)
76. {
77.   ADCIF = 0;                  //清除模数转换标志位
78.   uint32 value;
79.   value = ADCH;
80.   value = value<<8;          //高位数据左移 8 位
81.   value |= ADCL;
82.   value = (value*330);       //得到分辨率为 0.01V 的数值
83.   value = value>>15;         //除以 32768
```

```
84.
85.    s[0] = value/100+'0';    //取百位，并转换为字符格式
86.    s[1] = '.';
87.    s[2] = value/10%10+'0';  //取十位，并转换为字符格式
88.    s[3] = value%10+'0';     //取个位，并转换为字符格式
89.    s[4] = 'V';
90.    s[5] = '\n';
91.    s[6] = '\0';
92.
93.    USART0_send_data("火焰传感器电压值:");
94.    USART0_send_data(s);
95.    D3 = 0;
96.}
97.
98.void main()
99.{
100.   init_D3();                //D3 初始化
101.   init_T1();                //T1 初始化
102.   init_USART0();            //USART0 初始化
103.   init_ADC();            //ADC 初始化
104.   EA = 1;               //使能中断系统控制位
105.   while(1)
106.   {
107.     if(counter == 10) //T1 每隔 0.2s 将 counter++
108.     {
109.       counter = 0;    //counter 清零
110.       D3 = 1;         //点亮 D3
111.       adc_begin();    //ADC 开始工作
112.     }
113.   }
114. }
```

7.1.14 烧写可执行文件并查看实验效果

编译程序并生成可执行文件，将其烧写到 CC2530 单片机中，PC 端通过串口调试助手界面显示火焰传感器的电压值。

使用串口调试助手时应注意以下几点。

（1）根据 PC 串口连接情况，选择正确的串口号。如果使用 USB 转串口线连接，需要安装驱动程序，通过 PC 设备管理器查找正确的串口号。

（2）选择正确的串口参数。波特率为 57600Baud，无奇偶校验，有 1 位停止位。因为在程序中设置 CC2530 串口的波特率是 57600Baud，所以 PC 上串口调试助手的波特率也要设置为57600Baud，否则，串口调试助手会显示乱码。

（3）接收模式选择文本模式。PC 串口调试助手界面如图 7-7 所示。

图 7-7 PC 串口调试助手界面

（4）将打火机靠近火焰传感器，关闭与打开打火机，观察这两种情况下串口调试助手中数据的变化。

技能提升

7.1.15 用查询方式实现火焰强度的测量

如果使能 ADC 中断，模数转换结束后会产生一个中断请求。在本任务的实现中，ADC 中断服务函数获取数据并对数据进行处理后，通过串口传输数据。用中断方式可以处理模数转换的结果，用查询方式也可以实现同样的效果。尝试在不启用 ADC 中断的情况下，通过查询方式实现同样的效果。

用查询方式实现火焰强度的测量的代码如下。

```
1. #include "ioCC2530.h"
2.
3. #include <string.h>
4. #define D3 P1_0
5. #define uint32 unsigned long
6.
7. unsigned int counter = 0;
8. unsigned char s[8];
9.
10.void init_D3()
11.{
12.  P1SEL &=~ 0x01;
13.  P1DIR |= 0x01;
```

```
14.   D3 = 0;
15.}
16.
17.void init_ADC()
18.{
19.   APCFG |= 1;
20.   P0SEL |= 0x01;
21.   P0DIR &=~ 0x01;
22.}
23.
24.void adc_begin()
25.{
26.   ADCCON3 = 0x80;
27.}
28.
29.void init_USART0()
30.{
31.   PERCFG = 0x00;
32.   P0SEL = 0x3c;
33.   U0CSR |= 0x80;
34.   U0BAUD = 216;
35.   U0GCR = 10;
36.   U0UCR |= 0x80;
37.   UTX0IF = 0;   //清除USART0的TX中断标志位
38.}
39.
40.void init_T1()
41.{
42.   CLKCONCMD &=~ 0x40;
43.   while(CLKCONSTA & 0x40);
44.   CLKCONCMD &=~ 0x07;
45.   T1CTL = 0x0e;                      //配置T1为128分频，模式，并开始运行
46.   T1CCTL0 |= 0x04;                   //配置T1的通道0为输出比较模式
47.   T1CC0L = 50000&0xff;               //把50000的低字节写入T1CC0L
48.   T1CC0H = ((50000&0xff00)>>8);      //把50000的高字节写入T1CC0H
49.   T1IF = 0;                          //清除T1的中断标志位
50.   T1STAT &=~ 0x01;                   //清除通道0中断标志位
51.   TIMIF &=~ 0x40;                    //不产生T1的溢出中断
52.   IEN1 |= 0x02;                      //使能T1的中断
53.}
54.
55.void usart0_send_data(unsigned char* str)
56.{
57.   while(*str!='\0')
58.   {
59.     U0DBUF = *str++;
```

```
60.    while(!UTX0IF);
61.    UTX0IF = 0;
62.  }
63.}
64.
65.#pragma vector = T1_VECTOR
66.__interrupt void T1_ISR()
67.{
68.  counter++;
69.  T1STAT&=~0x01;
70.}
71.
72.void data_deal()
73.{
74.   ADCIF = 0;                //清除 ADC 的中断标志位
75.   uint32 value;
76.   value = ADCH;
77.   value = value<<8;         //高位数据左移 8 位
78.   value |= ADCL;
79.   value = (value*330);      //得到分辨率为 0.01V 的数值
80.   value = value>>15;        //除以 32768
81.
82.   s[0] = value/100+'0';     //取百位,并转换为字符格式
83.   s[1] = '.';
84.   s[2] = value/10%10+'0';   //取十位,并转换为字符格式
85.   s[3] = value%10+'0';      //取个位,转换为字符格式
86.   s[4] = 'V';
87.   s[5] = '\n';
88.   s[6] = '\0';
89.
90.   usart0_send_data("火焰传感器电压值:");
91.   usart0_send_data(s);
92.   D3 = 0;
93.}
94.
95.void main()
96.{
97.  init_D3();         //D3 初始化
98.  init_T1();         //T1 初始化
99.  init_USART0();     //USART0 初始化
100.  init_ADC();        //ADC 初始化
101.  EA = 1;            //使能中断系统控制位
102.  while(1)
103.  {
104.    if(counter == 10) //T1 每隔 0.2s 将 counter++
105.    {
```

```
106.        counter = 0;        //counter 清零
107.        D3 = 1;             //点亮 D3
108.
109.        ADCIF = 0;
110.        adc_begin();        //ADC 开始
111.        while(!ADCIF);
112.        data_deal();
113.    }
114. }
115.}
```

任务 7.2 火焰报警器的设计与实现

任务目标

微课

7.2.1 任务要求
和基础知识

1. 进一步掌握 ADC 的工作模式、相关寄存器的使用方法；
2. 根据采集火焰传感器数据的大小，进行呼吸灯的启动或暂停。

任务要求

设置简单的火焰报警器，使用 ADC 模块，周期性地采集火焰传感器数据。如果数据超过界限值，即表示有火情，则启动呼吸灯进行报警；如果数据没有超过限定值，即表示没有火情，则呼吸灯处于熄灭状态。

知识链接

7.2.1 火焰报警器的设计分析

根据任务 7.1 的实现，可以观察火焰传感器在是否有火情两种情况下，串口调试助手显示的数值。通过多次实验可以得出，没有火情时，数值约为 0.32V，有火情时，数值约为 2.55V。以电压值 2.55V 为临界值，如果检测值大于或等于该值，则认为有火情，需要启动呼吸灯，模拟报警；如果检测值小于该值，则认为没有火情，不需要报警。

任务分析

7.2.2 分析流程图

通过 CC2530 单片机的 ADC 模块采集表征火焰强度的电压值，并根据该电压值来决定是启动还是熄灭呼吸灯。具体任务要求及步骤如下。

（1）使用 T4 进行定时，定时 1s 后，采集表征火焰强度的电压值。

（2）根据电压值大小决定是否启动呼吸灯。

（3）返回步骤（1），重复执行。

根据任务要求，火焰报警器工作流程图如图 7-8 所示。

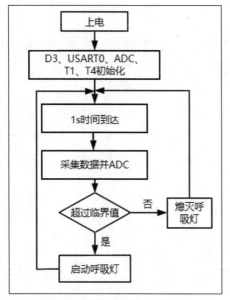

7.2.2　任务分析

图 7-8　火焰报警器工作流程图

在本任务中，周期性地采集火焰强度数据和呼吸灯效果的实现均要使用定时器。周期性地采集火焰强度数据使用 T4 来实现，呼吸灯效果的实现使用 T1。T4 和 T1 均使用其中断服务函数，再加上 ADC 的中断服务函数，本任务的实现需编写 3 个中断服务函数。

7.2.3　分析电路图

该电路图分为两部分，一部分是 ADC 相关电路图，可参考任务 7.1 的图 7-6；另一部分是呼吸灯相关电路图，可参考项目 2 中的图 2-7 和图 2-8，这里选择 T1 和 D3（连接 P1_0 引脚）实现呼吸灯效果。

任务实现

7.2.3　任务实现

在本任务中，需要同时使用 T1 和 T4 两个定时器。使用 T1 实现呼吸灯，使用 T4 的定时功能来实现周期地采集火焰传感器数据。

7.2.4　实现呼吸灯效果

使用 T1 和 D3 来实现呼吸灯效果，该部分代码可参考项目 5 的任务 5.1。

在程序中，添加变量 run 来记录是否启动呼吸灯 D3。在实现呼吸灯效果的过程中，如果要熄灭 D3，不能通过简单的"D3 = 0;"来实现，而需要通过设置 T1CC2L、T1CC2H 寄存器的值来将 D3 熄灭。熄灭 D3 的代码如下。

```
1.  //熄灭 D3
2.  T1CC2L = 0xff;
3.  T1CC2H = 0x00;        //重装比较值
```

实现呼吸灯效果的主要代码如下。

```
1.  while(1)
2.  {
3.    if(T1STAT & 0x04)
4.    {
5.      T1STAT = T1STAT & 0xfb;  //清除 T1 的中断标志位
6.
7.      if(a == 1)               //a=1 为渐亮，a=2 为渐灭
8.        h++;
9.      else
10.       h--;
11.     if(run){
12.       T1CC2L = 0xff;
13.       T1CC2H = h;            //重装比较值
14.     } else{
15.       //熄灭 D3
16.       T1CC2L = 0xff;
17.       T1CC2H = 0x00;        //重装比较值
18.     }
19.
20.     if(h >= 254)            //最大亮度
21.       a=2;                  //设为渐灭
22.     if(h == 0)              //最小亮度
23.       a=1;                  //设为渐亮
24.   }
25. }
```

7.2.5　实现周期性地采集火焰强度数据

本任务使用 T4 来实现每隔 1s 采集一次火焰强度数据。T4 的使用可参考项目 4 的任务 4.3，周期性地采集火焰强度数据可参考任务 7.1。

该部分代码如下。

```
1. void init_T4(){
2.   CLKCONCMD &=~ 0x40;
3.   while(CLKCONSTA & 0x40);
4.   CLKCONCMD &=~ 0x07;
5.   T4CTL |= 0xE0;    //设置 T4 的分频系数为 128
6.   T4CTL |= 0x03;    //设置 T4 为正计数/倒计数模式
7.   T4CC0 = 0x7D;     //通道 0，设置最大计数值
8.   T4CTL |= 0x10;    //启动 T4
```

```
9.    T4CTL |= 0x08;      //设置中断溢出屏蔽位
10.   T4IE = 1;           //使能 T4 的中断
11.}
12.#pragma vector = T4_VECTOR
13.__interrupt void T4_INT()
14.{
15.   TIMIF &=~ 0x08;    //清除 T4 的溢出中断标志位
16.   counter++;
17.   if(counter == 500)
18.   {
19.     adc_begin();
20.     counter = 0;
21.   }
22.}
```

在 T4 的中断服务函数中启动 ADC，获得火焰强度数据。根据火焰强度数据判断是否启用呼吸灯，相关代码如下。

```
1.  #pragma vector = ADC_VECTOR
2.  __interrupt void adc_ISR()
3.  {
4.      ADCIF = 0;              //清除 ADC 标志位
5.      uint32 value;
6.      value = ADCH;
7.      value = value<<8;      //高位数据左移 8 位
8.      value |= ADCL;
9.      value = (value*330);   //得到分辨率为 0.01V 的数值
10.     value = value>>15;     //除以 32768
11.     handle_data(value);
12.     if(value > target_value)
13.     {
14.       run = 1;
15.     } else {
16.       run = 0;
17.     }
18.}
```

7.2.6　完成任务完整代码

实现整个任务的完整代码如下。

```
1.  #include "ioCC2530.h"
2.
3.  #include <string.h>
4.  #define D3 P1_0
5.  #define uint32 unsigned long
6.
```

```
7. unsigned char h;
8. unsigned int counter = 0;
9. unsigned int target_value = 260;    //超过该值，认为有火情
10.unsigned char s[8];
11.unsigned char a=1;
12.unsigned char run=0;
13.
14.void led_init()                      //初始化 D3
15.{
16.   P1SEL &=~ 0x01;
17.   P1DIR |= 0x01;
18.   D3 = 0;
19.}
20.
21.void adc_init()
22.{
23.   APCFG |= 1;
24.   P0SEL |= 0x01;
25.   P0DIR &=~ 0x01;
26.   //使能 ADC 中断
27.   ADCIE = 1;
28.}
29.
30.void adc_begin()
31.{
32.   ADCCON3 = (0x80|0x10|0x00);
33.}
34.
35.void USART0_init_test()
36.{
37.   PERCFG |= 0x00;
38.   P0SEL |= 0x3c;
39.   U0CSR |= 0x80;
40.   U0BAUD = 216;
41.   U0GCR = 10;
42.   U0UCR |= 0x80;
43.   UTX0IF = 0; //清零 USART0 TX 中断标志
44.}
45.
46.void t1_init()
47.{
48.   T1CTL = 0x01;
49.   PERCFG |= 0x40;
50.   P1SEL |= 0x01;
51.   T1CCTL2 = 0x64;
52.   T1CC2L = 0xff;
```

```
53.    T1CC2H = h;
54. }
55.
56. void t4_init(){
57.    CLKCONCMD &=~ 0x40;
58.    while(CLKCONSTA&0x40);
59.    CLKCONCMD &=~ 0x07;
60.    T4CTL |= 0xe0;    //设置128分频
61.    T4CTL |= 0x03;    //设置正计数/倒计数
62.    T4CC0 = 0x7d;     //通道0，设置最大计数值
63.    T4CTL |= 0x10;    //将T4计数器打开
64.    T4CTL |= 0x08;    //设置中断溢出屏蔽
65.    T4IE = 1;         //使能T4中断
66. }
67.
68. void USART0_send_data_test(unsigned char* str)
69. {
70.    while(*str != '\0')
71.    {
72.      U0DBUF = *str++;
73.      while(!UTX0IF);
74.      UTX0IF = 0;
75.    }
76. }
77.
78. void handle_data_test(uint32 value)
79. {
80.    s[0] = value/100 + '0';      //取百位，并转换为字符格式
81.    s[1] = '.';
82.    s[2] = value/10%10+'0';      //取十位，并转换为字符格式
83.    s[3] = value%10+'0';         //取个位，并转换为字符格式
84.    s[4] = 'V';
85.    if(value > target_value)
86.    {
87.      run = 1;
88.      s[5] = '1';
89.    } else {
90.      run = 0;
91.      s[5] = '0';
92.    }
93.
94.    s[6] = '\n';
95.    s[7] = '\0';
96.    USART0_send_data_test("火焰传感器电压值:");
97.    USART0_send_data_test(s);
98. }
```

```
99.
100.#pragma vector = T4_VECTOR
101.__interrupt void T4_INT(void)
102.{
103.   TIMIF &=~ 0x08;//清除T4的溢出中断标志位
104.   counter++;
105.   if(counter == 500)
106.   {
107.     adc_begin();
108.     counter = 0;
109.   }
110.}
111.
112.#pragma vector = ADC_VECTOR
113.__interrupt void adc_ISR(void)
114.{
115.   ADCIF = 0;              //清除ADC标志位
116.   uint32 value;
117.   value = ADCH;
118.   value = value<<8;      //高位数据左移8位
119.   value |= ADCL;
120.   value = (value*330);   //得到分辨率为0.01V的数值
121.   value = value>>15;     //除以32768
122.   handle_data_test(value);
123.   if(value > target_value)
124.   {
125.     run = 1;
126.   } else {
127.     run = 0;
128.   }
129.}
130.
131.void main(void)
132.{
133.  led_init();          //D3初始化
134.  t4_init();           //T4初始化
135.  t1_init();
136.  USART0_init_test();  //USART0初始化
137.  adc_init();          //ADC初始化
138.  EA = 1;              //使能中断系统控制位
139.  while(1)
140.  {
141.    if(T1STAT&0x04)
142.    {
143.      T1STAT = T1STAT & 0xfb;//清除T1中断标志位
144.
```

```
145.        if(a == 1)                    //a=1 为渐亮，a=2 为渐灭
146.          h++;
147.        else
148.          h--;
149.        if(run){
150.          T1CC2L = 0xff;
151.          T1CC2H = h;        //重装比较值
152.        } else{
153.          //熄灭 D3
154.          T1CC2L = 0xff;
155.          T1CC2H = 0x00;     //重装比较值
156.        }
157.
158.        if(h >= 254)        //最大亮度
159.          a = 2;             //设为渐灭
160.        if(h == 0)          //最小亮度
161.          a = 1;             //设为渐亮
162.      }
163.  }
164.}
```

在本任务的代码中，并不需要将火焰强度数据通过串口输出到 PC 的串口助手，但为了本任务调试方便，仍然添加了 USART0_init_test、handle_data_test、USART0_send_data_test 等函数，这样方便设置临界值 target_value。当程序调试稳定、效果满意后，可以将带有 test 的函数去掉。

7.2.7 烧写可执行文件并查看实验效果

编译程序并生成可执行文件，将其烧写到 CC2530 单片机中并运行。用带火苗的打火机靠近火焰传感器，可以看到呼吸灯启动，关闭打火机后，呼吸灯会熄灭。

微课

7.2.4 实验效果

技能提升

7.2.8 采用串口的中断服务函数输出数据

在任务 7.2 中，串口输出数据采用的是查询方式，尝试采用串口的中断服务函数来输出数据。代码如下。

```
1. #include "ioCC2530.h"
2.
3. #include <string.h>
4. #define D3 P1_0
5. #define uint32 unsigned long
6.
7. unsigned char h;
```

```
8. unsigned int counter = 0;
9. unsigned int target_value = 260;//超过该值，认为有火情
10.unsigned char s[8];
11.unsigned char a=1;
12.unsigned char run=0;
13.
14.void init_D3()
15.{
16.   P1SEL &=~ 0x01;
17.   P1DIR |= 0x01;
18.   D3 = 0;
19.}
20.
21.void init_ADC()
22.{
23.   APCFG |= 1;
24.   P0SEL |= 0x01; //设置P0_1引脚为外设I/O引脚
25.   P0DIR &=~ 0x01;
26.   ADCIE = 1;       //使能ADC中断
27.}
28.
29.void adc_begin()
30.{
31.   ADCCON3 = (0x80|0x10|0x00);
32.}
33.
34.void init_USART0()
35.{
36.   PERCFG |= 0x00;
37.   P0SEL |= 0x3c; //串口使用P0_2、P0_3、P0_4、P0_5引脚
38.   U0CSR |= 0x80;
39.   U0BAUD = 216;
40.   U0GCR = 10;
41.   U0UCR |= 0x80;
42.   UTX0IF = 0;       //清除USART0的TX中断标志位
43.}
44.
45.void init_T1()
46.{
47.   T1CTL = 0x01;
48.   PERCFG |= 0x40;
49.   P1SEL |= 0x01;
50.   T1CCTL2 = 0x64;
51.   T1CC2L = 0xff;
52.   T1CC2H = h;
53.}
```

```
54.
55.void init_T4(){
56.   CLKCONCMD &=~ 0x40;
57.   while(CLKCONSTA & 0x40);
58.   CLKCONCMD &=~ 0x07;
59.   T4CTL |= 0xe0;    //设置 T4 的分频系数为 128
60.   T4CTL |= 0x03;    //设置 T4 为正计数/倒计数模式
61.   T4CC0 = 0x7d;     //通道 0，设置最大计数值
62.   T4CTL |= 0x10;    //将 T4 计数器打开
63.   T4CTL |= 0x08;    //设置中断溢出屏蔽位
64.   T4IE = 1;         //使能 T4 的中断
65.}
66.
67.void USART0_send_data(unsigned char* str)
68.{
69.   while(*str != '\0')
70.   {
71.     U0DBUF = *str++;
72.     while(!UTX0IF);
73.     UTX0IF = 0;
74.   }
75.}
76.
77.void handle_data(uint32 value)
78.{
79.   s[0] = value/100+'0';    //取百位，并转换为字符格式
80.   s[1] = '.';
81.   s[2] = value/10%10+'0';  //取十位，并转换为字符格式
82.   s[3] = value%10+'0';     //取个位，并转换为字符格式
83.   s[4] = 'V';
84.   if(value > target_value)
85.   {
86.     run = 1;
87.     s[5] = '1';
88.   } else {
89.     run = 0;
90.     s[5] = '0';
91.   }
92.
93.   s[6] = '\n';
94.   s[7] = '\0';
95.   USART0_send_data("火焰传感器电压值:");
96.   USART0_send_data(s);
97.}
98.
99.#pragma vector = T4_VECTOR
```

```
100.__interrupt void T4_INT()
101.{
102.   TIMIF &=~ 0x08;//清除 T4 的溢出中断标志位
103.   counter++;
104.   if(counter == 500)
105.   {
106.     adc_begin();
107.     counter = 0;
108.   }
109.}
110.
111.#pragma vector = ADC_VECTOR
112.__interrupt void adc_ISR()
113.{
114.   ADCIF = 0;                   //清除 ADC 的中断标志位
115.   uint32 value;
116.   value = ADCH;
117.   value = value<<8;           //高位数据左移 8 位
118.   value |= ADCL;
119.   value = (value*330);        //得到分辨率为 0.01V 的数值
120.   value = value>>15;          //除以 32768
121.   handle_data(value);
122.   if(value > target_value)
123.   {
124.     run = 1;
125.   } else {
126.     run = 0;
127.   }
128.}
129.
130.void main(void)
131.{
132.   init_D3();        //初始化 D3
133.   init_T4();        //初始化 T4
134.   init_T1();
135.   init_USART0();    //初始化 USART0
136.   init_ADC();       //初始化 ADC
137.   EA = 1;           //使能中断系统控制位
138.   while(1)
139.   {
140.     if(T1STAT & 0x04)
141.     {
142.       T1STAT = T1STAT&0xfb;    //清除 T1 的中断标志位
143.
144.       if(a == 1)              //a=1 为渐亮，a=2 为渐灭
145.         h++;
```

```
146.      else
147.         h--;
148.      if(run){
149.         T1CC2L = 0xff;
150.         T1CC2H = h;              //重装比较值
151.      } else{
152.         //熄灭 D3
153.         T1CC2L = 0xff;
154.         T1CC2H = 0x00;           //重装比较值
155.      }
156.
157.      if(h >= 254)                //最大亮度
158.         a = 2;                   //设为渐灭
159.      if(h == 0)                  //最小亮度
160.         a = 1;                   //设为渐亮
161.   }
162. }
163.}
```

项目总结

本项目主要讲解了 CC2530 单片机 ADC 的相关知识，介绍了 CC2530 的 ADC 原理、相关寄存器的知识，实现了通过 ADC 来采集火焰强度数据，根据火焰强度来判断是否有火情出现，并以此决定是否启动呼吸灯。在本项目中，除了讲解 ADC 的知识，还应用了 I/O 端口、中断、定时/计数器、串口等知识。本项目是一个综合性项目，通过本项目的学习，读者可以对前面所学知识进行回顾、整合。读者在理解和编写本项目代码的时候，可能会遇到一定的困难，需要对前面相关项目的知识进行回顾。

课后练习

一、单选题

1. CC2530 单片机的 ADC 模块最多有（　　　）位有效数字。

   A. 16　　　　　　　B. 10　　　　　　　C. 12　　　　　　　D. 15

2. CC2530 单片机的 ADC 模块使用的 I/O 端口是（　　　）。

   A. P0　　　　　　　B. P1　　　　　　　C. P2　　　　　　　D. P3

3. CC2530 单片机进行模数转换时，将结果存放在（　　　）寄存器中。

   A. ADCH、ADCL　B. ADCCON1　　　C. ADCCON3　　　D. P0

4. CC2530 单片机进行模数转换时，参考电压 AVDD5 是（　　　）。

   A. 3.3V　　　　　　B. 5.0V　　　　　　C. 1.5V　　　　　　D. 10.0V

5. CC2530 单片机进行模数转换结束后，（　　　）标志位置位。

   A. ADCIF　　　　　B. URXIF　　　　　C. UTXIF　　　　　D. T1IF

6. CC2530 单片机的模数转换采样率为 64，则其转换结果有效数据位是（   ）。

    A. 7　　　　　　　B. 9　　　　　　　C. 10　　　　　　　D. 12

7. 一个 10 位的 ADC，若参考电压为 5V，其分辨率为（   ）。

    A. 19.6mV　　　　B. 4.89mV　　　　C. 19.6V　　　　　D. 4.89V

8. CC2530 单片机的 ADCCON3 寄存器中不包括（   ）的设置。

    A. 转换时间　　　　B. 参考电压　　　　C. 采样率　　　　　D. 通道号

9. 要使 CC2530 单片机响应 ADC 的中断请求，正确的语句是（   ）。

    A. ADCIF = 1; EA = 1;　　　　　　B. ADCIE = 1; EA = 1;

    C. ADCIE = 1; EA = 0;　　　　　　D. ADCIF = 1; EA = 0;

10. CC2530 单片机的 ADC 模块的模拟输入引脚需要在（   ）寄存器中进行配置。

    A. APCFG　　　　B. PERCFG　　　　C. ADCCON1　　　D. DCCON2

二、简答题

1. 使用 ADC 模块进行单通道转换时，如何将转换结果赋值给 unsigned int 型数据 value？

2. CC2530 单片机如何判断模数转换结束？